카메라와
부엌칼을 든
남자의
유럽 음식
방랑기

카메라와 부엌칼을 든 남자의 유럽 음식 방랑기

장준우

유럽, 맛 위를 걷다

글항아리

태초에 인류가 있었다. 이들은 먹는 행위에 있어서만큼은 여타 동물과 크게 다를 바가 없었다. 주변에서 쉽게 구할 수 있는 식재료를 채집하거나, 수렵을 해서 배고픔을 달랬다. 그가 나타나기 전까지 말이다.

그는 무리 중 유난히 호기심이 많은 이였다. 이것저것 시도해보며, 식재료를 그냥 먹는 것보다 다른 식재료와 섞는다든지 불을 이용해 익히면 더 먹을 만해진다는 걸 알게 됐다. 이것이 단순히 유희의 과정에서 비롯되었는지, 생존의 필요에 의해 발견되었는지는 정확히 알 도리가 없으나 어쨌든 식재료의 물성을 변화시키는 과정 즉, '요리'를 통해 음식을 만들어내게 되었다. 그러니까, 그는 인류 최초의 요리사였다.

그의 후예들은 물려받은 호기심을 바탕으로 다양한 요리법을 개발하고, 음식을 만들어냈다. 문명이 진보하듯 요리법도 시간이 지날수록 복잡해지고 다채로워졌다. 저마다 처한 자연환경과 역사, 관습에 따라 새로운 요리법과 음식을 탄생시켰고, 또 그것을 변주했다. 만약 인류 최초의 요리사가 오늘날 세계 각지의 다양한 음식을 맛본다면 어떤 반응을 보일까. 아마도 새로운 호기심에 들떠 온갖 나라를 떠돌며 낯선 음식을 맛보고 요리를 배웠으리라.

나는 그의 재림이라도 되는 마냥, 유럽 곳곳을 떠돌며 새로운 음식과 요리를 만났다. 직접 마주하지 못했다면 평생 상상조차 못 해봤을 음식이 세상에 이렇게나 다양하게 존재한다는 사실이 적잖은 충격으로 다가왔다.

처음부터 요리사는 아니었다. 일간지 기자로 사회생활을 시작했다. 시간이 지날수록 일은 점점 익숙해졌지만, 그만큼 흥미도 잃어갔다. 꺼져가던 열정에 다시 불을 붙인 건 다름 아닌 요리였다. 가끔 친구들을 집으로 불러 음식을 만들어 먹는 것을 즐겼고, 특히 파스타 만드는 걸 좋아했다. 갖가지 반찬을 차려야 하는 한식 밥상보다 간편해서였다. 재료를 바꿔가며 다양한 방식을 시도해볼 수 있었기에, 거의 매 끼니를 파스타로 해결했다. 그렇게 수백 번도 더 만들어본 파스타였지만, 먹으면서도 늘 궁금했다. '과연 내가 제대로 만드는 걸까.' 진짜 이탈리안 파스타는 어떻게 만들어지고, 어떤 맛이 날까. 이런 조리법과 재료는 대체 왜 사용하게 된 걸까. 요리를 혼자 공부할수록 호기심은 점점 더 커져만 갔고, 결국 그 답을 찾고자 나는 이탈리아로 향했다.

요리학교는 이론과 실습이 하루 종일 이어지는 빈틈없는 스케줄로 수업이 진행됐다. 수업은 흥미로웠지만 따라가기 벅찼다. 게다가 외워야 하는 용어는 왜 그리도 많은지. 무엇보다 매 끼니가 공부였다. 끼니마다 하나같이 밋밋한 맛의 이탈리아 전통 요리가 나왔다. 대체 왜 이런 음식을 먹는 걸까 의구심이 들었지만, 문제의 원인은 이탈리아인이 아닌 내게 있었다. 그동안 너무 강한 자극에 길들여져 있었기에 섬세한 맛의 음식을 제대로 맛볼 수 없었던 것이다. 서양 요리를 이해하기 위해서는 그들의 입맛을 파악하는 것이 첫째로 할 일이었다. 그때부터 일과를 마치고 기숙사로 돌아올 땐 양 손에 와인과 치즈, 살라미를 가득 들고 왔다. 입맛의 현지화를 위한 나름의 분투였다.

이후 학교를 졸업하고 현장에서 직접 요리를 배우기 위해 이탈리아의 남쪽 섬, 시칠리아로 향했다. 시칠리아 라구사 중심가에 있는 '리스토란테 토코Ristorante Tocco'는 그리 크지도 작지도 않은 규모의 레스토랑이다. 나와 동갑내기인 셰프 다리오는 어리지만 지역에서 실력을 인정받는 젊은 셰프다. 엄한 스승으로, 때론 친구로 그는 나와 함께 요리를 했다. 쉽지 않은 생활이었지만 음식을 만들어 누군가 그걸 먹고 행복해하는 모습을 보는 게 보람 있었다. 그러나 음식을 만든다는 것은 곧 자신이 경험한 맛을 재현한다는 것을 깨달았다. 주방에서 요리를 배울수록, 스스로 서양 음식에 대한 경험치가 부족하다는 생각이 들었다. 다양한 음식을 직접 맛보고 느끼며 이해의 폭을 넓히고 싶다는 열망이 커져만 갔다. 직접 몸으로 부딪히며 배우고 싶었다. 그렇게 주방을 뒤로하고 음식 방랑길에 올랐다.

하나의 음식엔 지역의 역사와 문화가 필연적으로 얽혀 있다. 그렇기에 음식이 연유한 배경을 안다는 건 곧 그 음식을 향유하는 인간의 역사와 문화를 이해하는 것과 같다. 이 책은 이탈리아를 시작으로 스페인, 포르투갈, 체코, 독일, 오스트리아, 벨기에, 네덜란드, 스웨덴 그리고 노르웨이까지 10개국 60여 개 도시를 누비며 음식의 역사와 문화, 그리고 요리에 대해 탐구한 여정의 기록이다. 서양 요리에서 큰 비중을 차지하는 프랑스와 영국은 인연이 닿지 않아 빠졌고, 먹어보지 않은 음식은 다루지 않았다. 이 책이 독자 여러분께 유럽을 중심으로 한 서양 요리를 이해하는 데 작게나마 도움을 주는 마중물이 되었으면 하는 바람이다.

아, 혹시 빈속이라면 이 책을 펼치지 말기를 당부하고 싶다. 본의 아니게 독자 여러분을 괴롭힐 생각은 없으니 말이다. 가급적 배를 든든히 하고 책을 펼쳐 보기를. 자, 이제 준비가 됐다면 지금부터 유럽의 맛 위를 걷는 맛있는 여행을 함께 떠나보도록 하자.

01

거부할 수 없는
치명적인 유혹,
스테이크

'스테이크.' 언제 들어도 침샘을 자극하고 가슴 설레게 하는 단어다. 큼지막하게 썰어 갈색으로 노릇하게 구워진 고기를 눈앞에 두고 감히 손대기를 망설일 사람이 있을까. 접시 위에 놓인 커다란 단백질 덩어리는 거부할 수 없는 치명적인 유혹 그 자체다. 스테이크에는 우리 안에 깊숙이 자리한 원초적 본능을 자극하는 뭔가가 있다.

엄밀히 말하자면, 스테이크는 썰어낸 방식과 조리법을 함께 내

포한 용어다. 우선 스테이크란 이름에 걸맞으려면 고기가 두껍게 잘려야 한다. 그 대상은 쇠고기를 비롯해 돼지고기, 닭고기 등 육류에서부터 생선까지를 모두 포함한다. 소위 '함박'이라고 불리는 햄버거 스테이크처럼 고기를 갈아 뭉쳐놓더라도, 두툼해야 스테이크라고 불릴 수 있다. 스테이크는 원래 꼬챙이에 꽂아 열원에 오랜 시간 천천히 고기를 익히는 로스팅Roasting을 뜻하는 노르만족의 고어 'steik'에서 유래됐다. 오늘날엔 스테이크라고 하면 흔히 숯불에 석쇠를 올려놓고 그 위에서 복사열로 굽는 그릴링Grilling, 달귀진 팬 위에 고기를 굽는 프라잉Frying 방식으로 조리된 것을 말한다. 찌거나 삶은 고기를 두고 스테이크라고 부르진 않는다.

동양인의 시선으로 서양 요리의 대명사인 비프스테이크를 바라보노라면, 경탄을 넘어 경외심마저 든다. 드넓은 목초지가 적은 한국에서 쇠고기는 귀한 식재료다. 그렇다 보니 고기를 두껍게 썰어 굽는 방식은 우리에게 그리 익숙지 않다. 대신 불고기나 수육처럼 되도록 고기를 얇게 썰어 굽거나 아예 덩어리째 푹 고아내는 조리법이 발달했다. 아마도 두툼한 스테이크를 두고 반사적으로 탄성을 내지르게 되는 건 그들의 음식 문화가 우리의 그것과 확연히 달라 겪는 문화 충격 때문일지 모른다.

이탈리아 대표 스테이크
'비스테카 알라 피오렌티나'

요리학교가 있는 아스티에서 기차를 타고 무려 네 시간. 그 멀고 먼 길을 달려 피렌체를 찾은 이유는 크고 아름다운 두오모 때문도, 메디치 가문이 수백 년간 수집해온 예술품이 있는 우피치 미술관 때문도 아니었다. 오직 이탈리아가 자랑하는 스테이크를 맛보겠다는 일념에서였다.

스테이크의 종주국 하면 흔히 미국과 영국, 프랑스를 꼽지만, 이탈리아에도 자랑할 만한 스테이크가 있다. 바로 토스카나 지방의 피렌체 전통 요리인 '비스테카 알라 피오렌티나Bistecca alla fiorentina'다. 피렌체식 스테이크란 뜻의 비스테카 알라 피오렌티나는 거대한 티본 스테이크다. 티본은 T자 형태의 등뼈를 사이에 두고 등심과 안심이 붙어 있는 부위를 이른다. 모양은 비슷하지만 안심의 비율이 더 큰 포터하우스Porterhouse와는 다르다.

피오렌티나 스테이크의 유래와 관련된 일화가 있다. 16세기 중세 피렌체가 그 배경이다. 매년 8월 10일 산 로렌초 축일이 되면 피렌체를 지배했던 메디치 가문은 자신들의 재력과 영향력을 과시하기 위해 성대한 연회를 베풀었다. 광장에 커다란 장작불을 놓고 고기를 통째로 구웠는데, 이때 마침 피렌체를 찾은 영국 상인들이 구워진 쇠고기를 보고는 "비프스테이크!"라고 외쳤다. 여기서

스테이크를 뜻하는 이탈리아어 '비스테카^{Bistecca}'라는 말이 유래됐고 그들이 군침 흘리며 원하던 스테이크는 피렌체식 스테이크, 즉 비스테카 알라 피오렌티나가 되었다는 것이다. 하지만 이 이야기를 그대로 믿기는 어렵다. 일화에 묘사된 쇠고기 구이는 지금과 같은 스테이크의 형태가 아닌 통구이 혹은 영국식 로스트비프에 가깝다. 이탈리아인들도 '비스테카'라는 용어가 영어의 '비프스테이크'에서 왔다는 건 인정한다. 피오렌티나 스테이크는 19세기 토스카나 지방을 찾은 영미권 관광객을 위해 일종의 관광 상품으로 만들어진 게 시초라는 설이 더 신빙성 있어 보인다.

피오렌티나,
그 단순함의 미학

유래야 어찌 됐든 피렌체 사람들은 피오렌티나 스테이크에 대한 자부심이 대단하다. 피오렌티나 스테이크는 토스카나 지역 토착종인 '키아니나^{Chianina}'를 사용한다. 키아니나는 세계에서 가장 크고 오래된 품종으로 고대 로마 시대부터 길러왔다고 한다. 역시 토착종인 '마렘마나^{Maremmana}' 소도 사용되는데 피오렌티나 정통을 고집하는 이들은 반드시 키아니나를 써야만 피오렌티나 스테이크라 부를 수 있다고 주장한다. 우리가 한우를 최고로 여기듯 토스카나인들은 키아니나 소를 으뜸으로 친다.

피오렌티나 스테이크를 다루는 주방을 들여다보자. 최소 2주 동안 저온에서 숙성시킨 키아니나 티본 부위를 5~6센티미터 두께로 뼈째 써는데, 그 무게는 1~1.5킬로그램에 육박한다. 호쾌하게 썰어낸 고기엔 아무런 처리를 하지 않는다. 소금조차 뿌리지 않고 뜨거운 숯불에 올려 양면을 5분간 고루 익힌다. 두 면이 진한 갈색으로 먹음직스럽게 구워지면 스테이크를 세운다. 뼈 부분을 아래로 놓고 다시 5분 정도 옆면을 고르게 굽는다. 마지막으로 위에 굵은소금과 토스카나산 올리브유를 흩뿌린다. 이렇게 구워진 피오렌티나 스테이크의 굽기는 두말할 것 없이 레어다. 자칫 미디엄 레어라도 돼버리면 그것을 더는 피오렌티나 스테이크라 부를 수 없다. 레어라고는 하지만 이미 숙성을 거치고 구운 뒤 충분히 휴지Resting시키는 과정을 거치기에, 대개 핏물로 오해받는 육즙이 홍건히 배어나오진 않는다. 단순함의 미학이 극대화된 이 스테이크를 바라보노라면 스스로가 채식주의자나 힌두교도, 스님이 아닌 게 큰 축복이라는 생각마저 든다.

요리 방식도 간단하지만 맛도 굉장히 직선적이다. 큼직하게 썬 피오렌티나 한 조각을 씹으면 숯불의 진한 향과 함께 시어링Searing된 겉면에서 나오는 풍부한 감칠맛이 입안 가득 퍼진다. 씹으면 씹

을수록 고소하면서 깊은 맛이 감돈다. 그 깊은 맛을 음미할 때쯤 나중에 합류한 소금이 입안에서 톡톡 터지면서 고기 맛을 한층 살린다. 이 순간만큼은 우주에 고기와 나 둘밖에 없는 듯한 기분이다. 등심과 안심이 붙어서 나오는 티본 부위인 만큼 두 부위의 질감과 맛의 대조도 재미있다. 시각과 미각을 동시에 충족시키는 단순함의 미학, 피오렌티나 스테이크다.

피오렌티나의 적수,
밀라네제

인간계에서 더는 적수가 없을 것 같은 피오렌티나 스테이크와 쌍벽을 이루는 요리가 같은 이탈리아 하늘 아래 존재한다. 바로 밀라노의 '코스톨레타 알라 밀라네제Costoletta alla milanese(이하 밀라네제)'다. 갈비뼈라는 뜻의 '코스톨레타'란 이름에 어울리게 송아지 등심 부위를 뼈와 같이 잘라낸 뒤 빵가루를 묻혀 튀겨낸 요리다. 일본식 돈가스의 유래를 오스트리아의 슈니첼Schnitzel로 보는데, 슈니첼의 원형이라 알려진 것이 바로 밀라네제다. 밀라네제는 오로지 송아지 등심을 쓰는 데 비해 슈니첼은 돼지, 닭, 칠면조 등 다양한 고기를 활용한다. 밀라네제는 뼈가 붙은 송아지 등심 부위를 1~2센티미터 두께로 썰어 만든다.

고기를 칼등으로 가볍게 두드려주고 밀가루와 달걀물, 빵가루를 순서대로 묻힌 뒤 정제 버터를 녹인 팬에 굽듯이 튀긴다. 모양만 놓고 보면 영락없이 커다란 돈가스다.

피오렌티나가 반드시 레어여야 한다면, 밀라네제는 분홍빛이 선명한 미디엄이어야 한다. 노릇하게 잘 구워진 밀라네제에 간은 소금과 후추면 충분하다. 피오렌티나 스테이크와 마찬가지로 어떤 종류의 소스도 필요치 않다. 굳이 뭔가를 곁들이고 싶다면 레몬 한 조각이면 충분하다. 버터라는 동물성 지방이 줄 수 있는 최고의 풍미를 한가득 품은 고기의 맛은 사치스럽게 느껴질 정도다. 피오렌티나 스테이크가 서민적이고 우직한 맛이라면, 밀라네제는 좀 더 귀족적이고 화려한 맛이랄까.

피오렌티나 스테이크와 밀라네제를 견주면 이탈리아 토스카나와 롬바르디아 두 지방의 특성 및 차이가 엿보인다. 중부에 위치한 토스카나는 일조량이 풍부한 기후가 특징이다. 그런 덕에 질 좋은 올리브가 나며, 이곳 전통 요리 대부분은 올리브유를 이용한 지중해식 요리다. 기후가 식재료의 질을 높였고, 그래서 요리도 원재료를 살리는 간단한 조리법이 발달했다. 반면 강수량이 많고 드넓게 펼쳐진 평야를 가진 롬바르디아에서는 쌀농사와 낙농업이 발달했다. 그런 까닭에 요리를 할 때도 올리브유 대신 버터 같은 동물성 지방을 주로 이용한 게 눈에 띈다. 두 지방은 멀리 떨어져 있지 않

코스톨레타 알라 밀라네제

지만, 확연한 기후 차는 두드러진 식문화의 차이를 야기했다. 환경이 식탁을 결정한 셈이다.

이탈리아에 가면 꼭 두 요리를 먹고 그 차이를 느껴보길. 단, 피오렌티나는 피렌체에서, 밀라네제는 밀라노에서 맛봐야 한다. 그러지 않으면 서울에서 먹는 돼지국밥과 부산에서 먹는 순대국밥처럼, 원래의 것과는 다른 차원의 맛을 경험할지도 모르니 말이다.

완벽한 스테이크의 비밀

몇 가지 핵심만 알면 집에서도 레스토랑 못지않은 비프스테이크를 만들 수 있다. 스테이크 요리법에는 여러 방식이 있지만, 그중 특별한 소스 없이 가능한 지중해식 스테이크를 만들어보자.

우선 몇 가지 준비물이 필요하다. 1인치 정도로 두툼하게 썬 스테이크용 쇠고기와 두꺼운 팬, 소금, 후추, 올리브유. 쇠고기 부위는 채끝 등심이 최상이지만 등심이나 안심도 좋다. 중요한 건 두껍게 썰려 있어야 한다는 점이다. 대형 마트 수입육 코너에서 흔히 볼 수 있는 척아이롤은 추천하지 않는다. 저렴한 목살 부위지만 스테이크보다는 장시간 익히는 스튜에 더 어울린다. 마늘이나 로즈메리, 타임 등과 같은 허브류는 취향에 따라 사용한다. 고기

는 굽기 전 한두 시간쯤 냉장고 밖으로 빼놓는다. (이유는 뒤에서 설명하겠다.)

이제 스테이크를 구워보자. 먼저 프라이팬을 불에 올린 후 달군다. 그사이 미리 꺼내둔 고기의 겉면을 키친타월로 닦아 물기를 제거한다. 팬에 올리기 전 겉면에 소금을 뿌리고 올리브유를 한껏 바른다. 팬에 둘러도 되지만 겉면에 바르는 편이 오일을 적게 쓰는 방법이다.

프라이팬에서 연기가 피어오르면 고기를 올릴 시간이다. 고기를 놓으면 치익— 하는 기분 좋은 소리가 날 것이다. 그렇게 3~4분간 한 면을 충분히 굽는다. 그런 다음 뒤집어 다른 한 면을 같은 시간 동안 굽는데, 이렇게 겉면을 지지는 과정을 시어링이라 부른다. 겉면의 색을 먹음직스러운 진한 갈색으로 만드는 것이다. 고기가 회색빛을 띠면 아직 충분히 시어링되지 않았다는 증거다. 짙은 갈색은 고기의 단백질에 있는 당과 아미노산이 열에 의해 변성되어 나타난다. 이것을 마이야르 반응Maillard reaction이라 한다. 프랑스의 의사 겸 화학자 루이 카미유 마이야르가 발견했다 해서 붙여진 이름이다.

만약 고기가 계속 회색빛을 띤다면 팬이 충분히 뜨겁지 않다는 뜻이다. 앞서 고기를 상온에 놓아두지 않았다면 차가운 고기가 프라이팬의 온도를 낮췄을 가능성이 크다. 고기를 굽는 팬에 다른 재

료를 넣는 건 금물이다. 다른 재료가 들어가면 프라이팬의 온도를 떨어뜨릴 뿐 아니라 재료에서 수분이 빠져나와 시어링을 방해한다. 스테이크에 곁들일 고명은 다른 팬에서 따로 만드는 게 좋다.

양면이 충분히 짙은 갈색으로 변했다면 세워서 옆면도 골고루 시어링해준다. 고기를 손으로 눌러봤을 때 너무 말랑하거나 육즙이 배어나온다면 조금 더 익힌다. 그런 뒤 접시에 옮겨 담아 3~4분간 식힌다. 이 과정을 휴지, 즉 레스팅이라 한다. 고기 안에 맴돌던 육즙이 다시 고기 안으로 스며드는 시간을 주는 것이다. 이 과정 없이 고기를 썰면 스테이크 속 육즙이 빠르게 빠져나오면서 고기가 퍽퍽해진다.

고기가 식을까 봐 염려할 필요는 없다. 고기는 갓 구워 나온 게 가장 맛있다는 우리의 고정관념과는 달리 스테이크는 뜨거울 때 얼른 먹어치우는 음식이 아니다. 위의 과정을 잘 거친 미디엄 레어 스테이크라면 조금 식는 것쯤은 걱정하지 않아도 된다.

레스팅이 끝난 고기는 도마 위에 올려 먹기 좋게 썰어내고 접시에 담는다. 그 위에 굵은소금, 양질의 올리브유 약간, 그리고 후추를 뿌리면 끝이다. 단, 자욱한 연기와 사방에 튄 기름은 맛있는 스테이크를 위해 감내해야 한다.

02

시간이
만들어준 선물,
치즈

길을 걷다 보면 종종 발걸음을 멈춰 세우는 것들이 있다. 누군가는 화려한 옷과 신발에 시선을 빼앗긴다지만, 나는 음식을 만들고 공부하면서 발길 닿는 지역의 음식과 식재료에 가장 먼저 관심이 갔다. 유럽 도시들을 여행할 때 항상 넋을 놓고 들른 곳은 바로 정육점과 와인숍, 치즈숍이었다.

정육점에서는 우리와는 다른 방식으로 정형된 다양한 종류의 고기, 그리고 햄과 소시지 등 각종 육가공품에 시선을 빼앗긴다.

골목마다 하나씩은 꼭 있는 와인숍과 치즈숍에는 그 지역에서 생산하는 특색 있는 와인과 치즈가 갖춰져 있다. 특히 치즈숍은 약간의 용기만 있으면 마음에 드는 치즈가 나타날 때까지 차례로 한 조각씩 시식해볼 수 있는 놀라운 장소다. 정육점, 와인숍, 치즈숍 중에서 한 곳만 고르라면, 주저 없이 치즈숍을 택할 것이다. 한마디로 형언하기 힘든 복잡 다양한 풍미의 여러 치즈를 맛보는 것은 유럽 여행자만의 작은 특권이다.

치즈의 기원을 찾아서

서구의 식탁에서 치즈는 큰 비중을 차지한다. 와인이 피요, 빵이 살이라면 치즈는 그 중간에 있는 지방쯤 될까. (실제로도 치즈의 구성 성분 대부분은 지방이다.) 치즈 하면 목가적 풍경을 갖춘 유럽 몇몇 나라를 떠올리겠지만, 사실 치즈의 고향은 유럽이 아니다. 역사학자들은 기원전 5000~기원전 4000년경 중앙아시아와 중동 지역의 유목민에 의해 치즈가 만들어진 것으로 보고 있다. 유목민들에게 우유 보관은 꽤나 골칫거리였다. 매일 주기적으로 동물의 젖을 짜주어야 했는데, 그러고 나면 남은 우유가 곧잘 상해버렸기 때문이다. 호기심과 관찰력이 남달랐던 어느 유목민이 오래된 우유에서 액체(유장)를 따라내고 남은 굳은 물질(응유Curd)에 소금을 뿌려놓으면 먹을 만할 뿐 아니라 더 오래 보관할 수 있게 된다는 사실을 발견했다. 이렇게 하여 최초의 치즈가 탄생했다. 쉬이 상하던 우유를 시간이 지나도 먹을 수 있는 고체 형태로 바꾸는 방법을 알아낸 것이다.

최초의 치즈는 우리 시대의 치즈와는 많이 달랐다. 오래된 우유를 이용해 만들다 보니 신맛이 강하고 질감이 고르지 않은, 마치 굳어버린 요구르트와 비슷했다. 지금과 같은 형태의 치즈가 나타난 건 시간이 꽤 흐른 뒤다. 치즈 제조자들은 오랜 시간 노하우를 축적해, 동물의 위장으로 만든 용기에 우유를 보관하거나 위장 조각에 우유가 닿으면 치즈가 훨씬 더 잘 만들어진다는 것을 알아냈다. 동물의 위장 안에 있는 레닛Rennet이란 효소의 작용 때문인데, 이를 몰랐던 당시 사람들에게는 마법같이 여겨졌다. 이런 방식으로 치즈를 만들면 우유가 빠르게 응고되면서 좀더 부드러운 질감의 치즈를 얻을 수 있었기에 당시로서는 놀라운 일이었다.

주로 중앙아시아와 중동, 이집트에서 발전된 치즈 제조 기술은 시간이 지남에 따라 지중해 지역으로 전파되면서 유럽인의 식문화 속으로도 빠르게 스며들었다. 대제국을 건설한 이들은 로마인이었지만 치즈 제조 기술을 꽃피운 건 그들이 야만인이라 무시했던 변방의 민족들이었다. 대부분 유목생활을 했던 변방 민족에게 치즈는 더할 나위 없이 유용한 식품이었다. 다른 염장 제품처럼 장

기간 보관이 가능했기에 식량이 부족한 시기를 버티게 해주는 식량 자원이자 장거리 원정을 떠날 수 있게 해주는 전투 식량이었다. 반면 곡식과 와인이 풍부한 남유럽의 로마인들에게 치즈는 주식이 아닌 기호품이었다. 로마의 상류층은 드넓은 초지가 많은 지금의 프랑스, 스위스, 북유럽 등에서 변방 민족이 만든 치즈를 특히 선호했다. 치즈는 그들의 풍성한 연회 상차림에서 빼놓을 수 없는 음식 중 하나였다.

중세로 접어들자 수도원을 중심으로 각 지역에서 독자적인 방식으로 치즈를 제조했다. 오늘날 전통 치즈의 원형은 대부분 이 시기에 기원을 둔다. 중세와 근대를 지나오면서 치즈는 서민들에게 손쉽게 감칠맛을 낼 수 있는 편리한 조미료이자 고기 대용의 영양가 높은 식품으로, 부자나 귀족들에게는 미각적 즐거움을 주는 별미로 자리 잡았다.

감칠맛 폭발하는
치즈 맛의 정체

오늘날에는 많은 서양 요리에 치즈가 사용된다. 딱딱한 경성 치즈라면 갈거나 쪼개서 음식에 감칠맛을 더한다. 파스타나 라자냐 위에 수북하게 갈아서 쌓아올린 파르메산 치즈가 좋은 예다. 아예 치즈를 통째로 녹여 치즈의 풍미를 극대화한 치즈 퐁뒤Fondue de fromage 같은 음식도 있다.

치즈가 매력적인 데는 놀랄 만큼 다양한 치즈의 맛이 한몫한다. 제조 방식마다 차이는 있지만 그 맛을 결정짓는 요소는 크게 네 가지다. 첫째, 젖을 제공하는 동물의 종이다. 우리에게는 젖소의 우유로 만든 치즈가 친숙하지만, 유럽에서는 염소와 양의 젖으로 만든 치즈도 인기가 높다. 각각이 지닌 특유의 풍미는 우유로 만든 치즈와는 다른 차원의 맛을 선사한다. 보통 치즈는 한 종류의 젖을

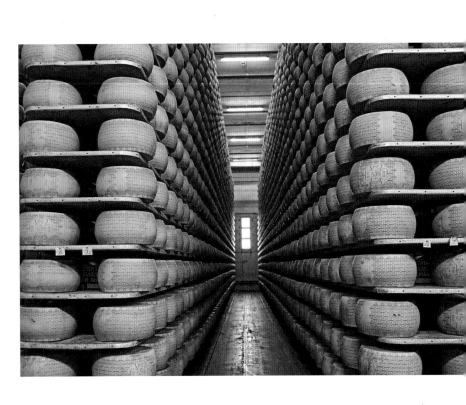

이용해 만들지만 스페인의 유명한 블루치즈인 카브랄레스^{Cabrales} 치즈처럼 위스키를 블렌딩하듯 여러 종류의 젖을 배합해 만든 것도 있다.

한편, 같은 동물이라도 품종에 따라 치즈 맛이 달라진다. 먹이의 종류도 맛을 결정짓는 요인 중 하나다. 동일한 품종인데도 사료를 먹었는가 풀을 먹었는가, 풀이면 어떤 풀을 먹었는가에 따라 고기의 맛과 치즈 맛이 달라진다. 허브를 먹고 자란 염소젖으로 만든 치즈에서는 허브 향이 나고, 약초를 먹고 자란 양젖 치즈에는 약초 향이 은은하게 배어 있다. 같은 품종임에도 지역에 따라 치즈 맛이 다른 건 이 때문이다.

마지막으로 숙성 기간도 치즈 맛을 결정 짓는 요소다. 짧게는 2주, 길게는 6주 동안 숙성해 질감이 크림처럼 부드러운 연성 치즈를 제외하면, 경성 치즈는 오래 숙성할수록 본래 치즈가 지녔던 감칠맛과 향이 배가된다. 치즈 안에 있는 효소가 단백질과 지방 분자를 더 작은 조각으로 분해하는 작용을 해 맛있게 만드는 것이다. 시간이 길어질수록 분해는 더 광범위하게 이뤄지니, 꾹 참고 기다리면 더 맛있는 치즈를 먹을 수 있게 된다. 시간이 치즈에게, 아니 우리에게 주는 선물이다.

흔히 '파르메산(파마산) 치즈'로 알려진 이탈리아의 대표적인 경성 치즈 '파르미자노 레자노^{Parmigiano reggiano}'는 최소 1년 이상 숙성한 뒤 시장에 내놓는 것이 원칙이다. 1년 숙성 치즈와 3년 숙성 치즈는 겉절이 김치와 묵은지처럼 그 맛과 풍미에 있어 현격한 차이가 난다. 그만큼 가격도 제각각이며 먹는 방법과 쓰임새도 천차만별이다.

요리사들은 맛의 균형을 고려해 요리에 쓸 치즈를 신중하게 고른다. 치즈의 풍미를 극대화하겠다는 특별한 의도를 지닌 요리가 아니고서야 풍미가 지나치게 강한 치즈는 잘 사용하지 않는다. 음식 맛을 압도해버릴 수 있는 까닭이다. 오랜 시간 숙성해 맛이 강한 치즈들은 특유의 풍미를 음미할 수 있도록 디저트로 내놓곤 한다.

자연 치즈와 가공 치즈

여기서 언급하는 치즈는 전통 방식으로 만든 자연 치즈를 뜻한다. 흔히 접하는 비닐로 낱개 포장된 매끈한 가공 치즈와는 다르다. 유럽에서는 19세기까지 개성 있는 자연 치즈들이 만들어졌던 데 비해, 미국에서는 산업화와 맞물려 가공 치즈가 대량 생산됐다. 20세기 들어 유럽은 두 차례의 세계대전을 겪으면서 낙농업에 심각한 타격을 입었다. 이를 틈타 대량 생산된 미국의 값싼 가공 치즈가 유럽에 상륙했다. 자연 치즈에 식품 첨가물을 섞어 만든 가공 치즈는 전통 방식으로 만든 자연 치즈

에 비해 맛과 풍미는 떨어졌지만, 당장 먹을 게 부족했던 유럽인들에게 선택의 여지는 없었다.

유럽은 낙농업을 다시 일으켜 자연 치즈를 만드는 것보다 공장을 지어 가공 치즈를 대량 생산하는 쪽을 택했다. 가공 치즈가 사람들 입맛을 사로잡으면서 한때 유럽의 자연 치즈 산업은 붕괴 직전까지 갔지만, 식생활 수준의 향상과 더불어 자연 치즈의 가치가 점차 재조명되기 시작했다. 낙농업이 경쟁력 있는 산업으로 주목받자 유능한 젊은이들이 농촌으로 발길을 옮겨 치즈 산업의 발전을 주도한 것이다. 미식 문화의 성장과 전통을 지키고자 하는 소규모 생산자들의 노력으로 오늘날 유럽의 치즈는 과거의 영광을 되찾고 있는 추세다.

유럽에서 치즈깨나 만드는 나라라고 하면 전통적으로 프랑스, 이탈리아, 스페인, 네덜란드, 영국, 스위스를 꼽는다. 다른 나라들도 각자 내세우는 바가 없지 않지만 대중적으로 널리 사랑받지 못하는 게 현실이다. 치즈 강국들의 치즈가 품질과 맛에서 월등히 뛰어나기 때문이다. 일반 가정에서는 비싼 자연 치즈보다 값싼 가공 치즈를 더 선호해, 치즈숍에서 자국 치즈를 아예 취급하지 않는 나라도 꽤 있다.

이런 소비자들의 외면에도 불구하고 한쪽에서는 끊임없는 시도와 노력이 이뤄지고 있다. 체코의 치즈 제조사인 '라 포르마게리아 그란 모라비아La Formaggeria Gran Moravia'가 대표적이다. 이곳은 이탈리아의 치즈 제조 방식을 도입해 자국의 원유로 치즈를 만들어낸다. 이탈리아 치즈를 넘어서지 못할 거라면 차라리 그 기술을 적극적으로 배워 내 것으로 만들겠다는 철학이다.

모방이라는 비판을 받을 수 있지만 이런 시도는 분명 가치가 있다. 이렇게 배운 기술이 고품질의 체코 치즈를 만들어낼 자양분이 될 테니 말이다. 언젠가 이탈리아 치즈와 어깨를 견줄 만한 체코 치즈가 만들어질 날이 오길 기대해본다.

시칠리아의 네모난 치즈, 라구사노

시칠리아 라구사를 대표하는 치즈 라구사노Ragusano는 라구사 지역에서 키우는 소의 이름이기도 하다. 이름에서 짐작되듯 라구사노의 젖을 이용해 만든 치즈다. 원래 명칭은 카초카발로 라구사노Caciocavallo ragusano. 카초Cacio는 중남부 이탈리아에서 치즈를 뜻하고(표준어는 포르마조Formaggio), 카발로Cavallo는 말을 의미하는데 과거 말안장에 치즈를 매달아놓고 먹은 데서 유래했다. 라구사노는 현존하는 시칠리아 치즈 중 가장 오랜 역사를 자랑한다.

더위가 기승을 부리던 6월의 시칠리아. 다리오 셰프와 함께 라구사에서 가장 오래된 치즈 제조사인 디파스콸레Dipasquale의 작업장을 찾았다. 이곳은 산업화되기 전의 치즈 제조 방식을 여전히 고수하고 있다. 앞서 첨단 기술이 동원된 그라노 파다노Grano padano 치즈 공장을 방문했던 터라 동굴에 자리 잡은 치즈 작업장을 보는 순간 꽤나 으스스했다. 들어서자마자 눈길을 끄는 건 긴 새끼줄에 엮인 채 늘어선 직육면체 모양의 치즈들이었다. 아니, 원래 치즈는 동그랗지 않았나?

치즈가 원형으로 만들어지는 데에는 그럴 만한 이유가 있다. 치즈는 건조할 때 공기와 닿는 겉면이 딱딱해지면서 껍질이 형성된다. 이 껍질은 외부의 이물질이나 해충으로부터 내부를 보호하는 역할을 한다. 특히 원형은 힘을 골고루 분산시켜 외부 충격에도 쉽게 버틸 수 있다. 뿐만 아니라 일정한 압력을 넓은 면적에 고르게 줄 수 있어 입자가 훨씬 더 균일해지며 모양을 잡기 용이하다는 장점이 있다. 반면 사각형으로 만든 치즈는 모서리에 충격을 받으면 쉽게 깨진다.

그렇다면 라구사노는 왜 사각형인 것일까? 가장 큰 이유는 줄에 매달기 위해서다. 원형보다는 직사각형으로 만드는 편이 매달기에는 훨씬 더 수월하다. 그렇다면 또 의문이 든다. 왜 치즈를 굳이 줄에 매달아놓는 걸까? 여기엔 이유가 있다. 원형 치즈는 건조

시 바닥 부분이 부패하는 걸 막기 위해 자주 뒤집어줘야 하는 번거로움이 뒤따른다. 하지만 치즈를 줄에 매달아놓으면 통풍을 위해 일일이 뒤집지 않아도 된다. 또 짚으로 만든 새끼줄에 있는 미생물의 작용으로 라구사노만의 독특한 풍미가 생겨난다. 메주가 만들어지는 과정과 유사하다. 라구사노가 다른 치즈들과 다른 독특한 개성을 지니게 된 이유다.

라구사노는 이탈리아를 대표하는 그라노 파다나나 파르미자노 레자노와 같은 반경질 치즈이지만 전혀 다른 풍미를 지닌다. 그라노 파다노와 파르미자노가 폭발하는 남성적인 맛이라면 라구사노는 여성적 섬세함이 느껴진다고 할까. 요리에 섬세한 맛을 덧입히는 데 있어서는 라구사노의 손을 들어주고 싶다. 입에 넣으면 느껴지는 단맛과 매운맛의 조화가 독특하다. 시칠리아 외 지역에서는 이것을 맛볼 수 없다는 게 안타까울 따름이다.

나도 치즈라 불러다오,
리코타

우리에게도 익숙한 이름인 리코타 치즈는 치즈계의 홍길동이다. 치즈이긴 하나 엄밀히는 치즈라 부를 수 없는 서자이기 때문이다. 치즈는 유청을 제거한 응유로 만들어진다. 이 유청을 다시 끓여 남아 있는 단백질을 마저 응고시켜 만든 것이 바로 리코타다. 먼저 만든 치즈에 지방이 응축돼 빠져나갔기에 지방 함량이 낮다. 그런 탓에 지방 함량이 높은 일반 치즈와 같은 진한 풍미가 없는 대신, 가볍고 담백한 맛을 낸다.

리코타는 어디까지나 치즈를 만드는 과정에서 생기는 부산물이며, 무엇보다 숙성과정을 거치지 않기에 치즈라 부를 수 없다는 주장도 제기된다. 하지만 굳이 치즈라고 칭한다 해서 누군가가 죽거나 피해를 보는 것도 아니기에 편의상 치즈로 분류되기도 한다. 특유의 담백함 덕에 음식의 향과 맛을 크게 해치지 않아 주로 샐러드와 함께 내거나 크림 형태로 다른 음식의 풍미를 더하는 데 사용된다.

치즈가 그러하듯 리코타도 품종과 지역에 따라 맛이 천차만별이다. 이탈리아에서는 물소인 부팔라^{Bufala}를 이용한 치즈를 고급으로 여기는데, 리코타도 부팔라 젖으로 만든 걸 으뜸으로 친다. 먹어보면 그 맛과 풍미가 놀라울 만큼 확연히 다르다.

시칠리아에서 리코타는 주로 디저트로 이용된다. 대표적인 것이 칸놀리^{Cannoli}다. 영화 「대부」를 본 사람이라면 칸놀리가 섬뜩하게 느껴질지도 모르겠다. 극중에서 정적에게 독이 든 칸놀리를 건네 독살하는 장면이 나오기 때문이다. 독이 든 건 아니지만 칸놀리는 정말 치명적으로 맛있다. 그냥 먹어도 고소한 리코타 치즈에 설탕을 듬뿍 넣었기 때문이다. 리코타가 신선하다면, 어떤 짓을 해도 맛있는 것이 칸놀리다. 지역별로 레시피가 조금씩 다르지만 보통 칸놀리라 하면 리코타에 설탕과 시나몬을 넣고 만든 크림을 동그랗게 만 과자 속에 가득 채워넣고 건과류나 시럽에 절인 과일 등을 올려 만든다. 미리 리코타를 채우면 과자가 눅눅해지므로 먹을 때 넣어야 그 맛을 제대로 느낄 수 있다. 부팔라 리코타 크림을 가득 채워 만든 칸놀리를 맛보지 않고서는 시칠리아 음식을 먹어봤다고 할 수 없다. 단, 그 전에 독이 들었는지 확인해보는 건 꼭 잊지 않으시길.

칸놀리

잘 알려지지 않은 독특한 치즈들

이탈리아 폰티나

폰티나Fontina는 오랜 역사를 자랑하는 이탈리아 북부 발레다오스타의 특산 치즈로 해발 2000미터 이상의 고산지대에서 자라는 암소의 우유로 만든다. 풀 향기와 신맛, 단맛이 나는 것이 특징이며 치즈를 녹여 만드는 퐁뒤 형태로 요리에 많이 쓰인다.

스페인 카브랄레스

카브랄레스Cabrales는 이탈리아의 고르곤촐라, 프랑스 로크포르 치즈와 더불어 세계 3대 블루치즈로 불린다. 스페인 북부 아스투리아스 지방에서 생산되며 우유와 염소젖, 양젖을 혼합해 만든 치즈를 동굴에서 숙성시키는 것이 특징이다. 풍미가 진하면서 톡 쏘는 강렬한 맛을 내며 고르곤촐라와 비교해 짠맛이 더 강한 편이다.

노르웨이 브루노스트

19세기 노르웨이에서 탄생한 브루노스트Brunost는 염소젖 유청에 크림과 설탕을 추가해 매우 천천히 끓인, 리코타와 출신 성분이 유사한 치즈다. 설탕이 열을 받아 캐러멜화되면서 갈색을 띠고 진한 단맛을 내는 게 특징이다. 스웨덴에서는 메소스트Mesost, 덴마크에서는 뮈세오스트Myseost 등으로 불린다.

03

고추,
유럽의 식탁을
정복하다

한국을 대표하는 음식을 꼽자면 김치를 빼놓을 수 없다. 알싸한 매운맛과 신맛, 그리고 발효에서 오는 복잡 미묘한 풍미는 없던 입맛도 살리는 매력이 있다. 백김치도 나름의 매력이 있지만, 아무래도 빨갛게 고춧가루를 뒤집어쓴 붉은 김치의 아성을 무너뜨리기에는 좀 아쉽다.

김치에 들어간 고추는 본디 물 건너온 외래종이지만 오늘날 무엇보다 한국적인 재료가 되어 우리 식탁을 풍성하게 장식하고 있

다. 그래서인지 한국 사람들은 외국에서 고추가 들어간 음식을 보면 고향 음식을 만난 것처럼 반가워한다. 우리는 '이 나라 사람들도 고추를 먹나보네' 하며 신기해하지만, 사실 유럽인들은 한국 사람들보다 더 오래전부터 고추를 먹어왔다.

유럽의 서쪽 끝 이베리아반도에 자리 잡은 포르투갈과 스페인. 두 나라는 신대륙에서 고추를 처음 들여와 키운 곳이자 서유럽에서 고추를 가장 많이 소비하는 나라다. 신대륙 발견 이후 유럽인들은 새로운 땅을 정복했다고 여겼지만 오히려 그 반대였다. 약재와 관상용으로만 쓰이던 고추가 어느새 그들의 식문화에 깊숙이 자리 잡아 식탁을 점령해버린 것이다.

고추,
맵기로 결심하다

흔히 고추 하면 빨갛고 긴 것을 떠올리는데 피망, 파프리카도 고추에 속한다. 멕시코의 칠리^{Chili}, 프랑스의 피망^{Piment}, 헝가리의 파프리카^{Paprika}, 미국의 레드페퍼 ^{Redpepper}는 모두 고추를 뜻하는 말이다. 전부 고추라고 불리지만 각 나라별로 선호되는 고추의 품종은 다르다. 대부분 말려서 빻아 조미료로 쓰기도 하고, 채소처럼 볶거나 쪄서 먹는다.

열대성 작물인 고추는 인도와 동남아, 그리고 원산지인 남미와 북아프리카 등에서도 많이 재배·소비된다. 전 세계 생산량과 소비량만 따지면 고추는 후추의 20배가 넘는다.

파프리카처럼 전혀 맵지 않은 고추도 있지만, 그래도 매운맛을 빼놓고는 고추를 논할 수 없다. 매운맛은 고추에 들어 있는 캡사이신이라는 성분의 작용 때문이다. 입안을 얼얼하게 만드는 캡사이신은 고추가 스스로를 방어하기 위해 만든 일종의 무기다. 여느 생명체가 그러하듯 고추의 지상 목표는 씨를 퍼뜨려 종을 보존하는 일이다. 식물은 동물처럼 움직이지 못하기에 씨를 다른 곳으로 옮기려면 누군가의 도움을 받아야 한다. 보통 열매를 가진 식물들은 스스로 동물의 먹이가 되어 씨를 퍼뜨린다. 우리가 식물의 열매를 맛있게 먹을 수 있는 것도 종을 보존하기 위한 식물의 교묘한 전략 덕이다.

식물에게 새와 같은 조류는 더할 나위 없이 고마운 존재다. 씨앗을 그대로 삼키고 배설할 뿐만 아니라 멀리까지 날아가 씨앗을 퍼뜨려주기 때문이다. 반면 날카로운 이빨을 가진 포유류는 방어 대상이다. 열매를 쪼아 그대로 삼키는 조류와 달리 포유류는 어금니를 이용해 열매를 씹어 먹는다. 이렇게 되면 씨앗이 파괴되니 고추 입장에선 여간 괴로운 일이 아니다. 그리하여 고추는 포유류의 접근을 막기 위해 스스로 매운맛을 만들어냈다. 이것이 바로 캡사이신의 정체다. 캡사이신은 매운맛을 느끼지 못하는 조류에게는 아무런 문제가 되지 않는 반면, 포유류에게는 엄청난 고통을 안겨 준다. 매운맛의 실상은 살아남기 위한 고추의 눈물겨운 분투인 셈이다.

고추,
뜻밖의 여정

고추가 유럽에 건너온 것은 1492년 콜럼버스의 신대륙 발견 덕분이다. 15세기 말 유럽인들이 그동안 시도하지 않았던 서쪽으로의 항해를 결심했던 것은 향신료 때문이었다. 후추나 육두구, 정향 등 이국적인 풍미의 향신료는 유럽에서 인기가 높았다. 고대부터 향신료는 인도에서 육로와 뱃길 등 다양한 경로로 아랍을 거쳐 유럽으로 들어왔다. 그러던 중 15세기를 기점으로 지중해의 패권이 아랍 세력, 오스만 제국에게 완전히 넘어가면서 향신료 무역로가 대부분 막히기 시작했다. 향신료 값이 치솟자 이를 못마땅하게 여긴 유럽인들은 다른 방법을 찾기 시작했다. 그렇게 시작된 것이 서쪽으로의 탐험이었다. 중개상을 거치는 것보다 인도에서 직접 향신료를 가져오는 편이 훨씬 더 이익이라고 판단한 것이다. 호기롭게 스페인을 떠난 콜럼버스는 아메리카 대륙을 인도로 착각했고, 당연하게도 원하던 후추는 손에 넣지 못했다. 대신 지금의 아이티섬 인근에서 원주민들이 아히^{ají}라고 부르는 고추를 발견했다. 고추는 비싼 후추를 대신할 만한 향신료로 소개되며 유럽에 상륙했다. 그러나 기대와는 달리 고상한 미식가들의 입맛을 사로잡지 못했다. 대신 생김새 때문에 토마토와 함께 오랫동안 귀족들의 관상용 식물이 되었다. 그러던 중 영리한 상인들에 의해 약재로서의 효능이 입소문을 타기 시작했다. 고추의, 정확히는 캡사이신 성분의 작용으로 인해 생기는 열이 몸의 차가운 성질을 가라앉히는 데 효과가 좋다고 알려졌고, 때로는 정신을 들게 하는 각성제로, 이성을 유혹하는 최음제로도 소개되면서 고추는 점차 후추의 대용품으로 자리 잡아나갔다.

스페인과 포르투갈의
고추 사랑

열대성 작물인 고추는 기후가 따뜻하고 일조량이 많은 남부 유럽에서 키우기에 적합했다. 이들 지역에서 고추를 재배하기 시작하면서 한국의 백김치가 붉은 김치로 바뀐 것처럼 고추는 지역의 전통 요리에 빠르게 스며들었다. 스페인과 포르투갈은 유럽에서 고추를 가장 먼저 받아들인 곳인 만큼 이를 적극적으로 활용한 전통 요리가 많다. 두 나라에서 고추를 부르는 이름도 피미엔토^{Pimiento}(스페인), 피멘투^{Pimento}(포르투갈)로 비슷하다.

스페인을 대표하는 고추 요리 중 하나는 파드론 고추^{Pimiento de padrón}를 이용한 요리다. 짜리몽땅한 피망같이 생긴 파드론 고추를 볶은 후 올리브유와 소금만 곁들이는 비교적 간단한 요리다. 고기나 생선 등 메인 요리에 곁들여 먹거나 그 자체로 술안주, 타파스로 먹기도 한다. 생긴 것도 쭈글쭈글해서 마치 우리의 꽈리고추볶음 같아 보이는데 맛과 향도 닮았다.

스페인에서는 고추를 채소처럼 요리에 통째로 쓰기도 하지만 말려서 곱게 간 분말 형태, 피멘톤^{Pimentón}으로 사용하는 게 더 일반적이다. 우리에게 파프리카 가루로도 알려진 피멘톤은 고추의 종류만큼이나 다양하다. 매운맛을 내는 피칸테^{Picante}와 단맛이 나는 둘세^{Dulce}, 약간의 산미가 나는 아그리둘세^{Agridulce}, 훈제 향이 진하게 배어 있는 아우마도^{Ahumado} 등으로 나뉜다. 피멘톤은 요리의 맛을 살려주는 훌륭한 조미료다. 특히 갈리시아 지방이 자랑하는 문어 요리 풀포 갈예고^{Pulpo gallego}에 빠질 수 없는 필수 재료이기도 하다. 푹 익힌 문어 위에 올리브유와 피멘톤, 그리고 소금을 뿌려줘야만 갈리시아식 풀포라 할 수 있다. 피멘톤 둘세를 뿌리는 것이 일반적이지만 취향에 따라 매운 가루를 뿌리기도 한다. 피멘톤 향, 그리고 진한 올리브유의 풍미가 곁들여져 부드럽게 씹히는 문어는 말 그대로 와인 도둑이 따로 없을 정도다. 저마다의 방식으로 문어를 삶기도 하지만 어떤 피멘톤을 쓰느냐에 따라 풀포의 풍미는 달라진다.

때로는 다양한 종류의 피멘톤 가루를 섞기도 한다. 스페인 서북쪽에 위치한 도시 라코루냐의 어느 바에서 풀포를 먹다 깜짝 놀란 적이 있다. 피멘톤의 풍미가 꽤 독특했기 때문이다. 달달하면서 매콤하기도 하고 훈연 향이 미세하게 나는 것이 여태 맛본 것과는 달랐다. 콧수염이 인상적인 식당 주인에게 어떤 피멘톤을 사용했느냐고 물으니 여러 종류의 피멘톤 가루를 섞었단다. 그래서 구체적으로 어떤 종류냐고 묻자, 웃으며 "세크레토Secreto"라고 하는 게 아닌가. 세크레토란 종류의 피멘톤이 따로 있나 싶어 메모를 해놓았다. 나중에 알고 보니 세크레토는 스페인어로 '비밀'이란 뜻이었다. 며칠 뒤 그 바를 다시 찾아 어떤 비율로 피멘톤을 섞었는지 물었지만 식당 주인은 곤란하다는 표정을 지으며 고개를 가로저었다. 장맛의 비밀 같은 걸까. 끝내 그 맛의 황금비율은 알아내지 못했다. 피멘톤을 적절히 배합하기만 하면 놀라운 맛이 난다는 사실을 알게 된 것만으로도 다행이라고 해야 할까.

고춧가루로 만든 소시지,
초리소

피멘톤의 가장 훌륭한 용도는 초리소다. 스페인과 포르투갈에서 쉽게 찾아볼 수 있는 초리소/쇼리수는 소시지의 일종이다. 만들 때 피멘톤 가루를 넣어 붉은빛을 띠는 것이 특징이다. 매콤한 향이 나긴 하지만 혀와 입안이 아파올 정도는 아니다. 오히려 적당히 매콤한 것이 소시지의 풍미를 더 살려준다.

이들은 어떻게 소시지에 피멘톤을 넣을 생각을 했을까. 김치가 원래 소금과 마늘, 젓갈을 이용한 백김치 형태였다가 고추가 전래된 후 붉은 김치로 재탄생한 배경과 같다. 소시지에 넣는 소금의 역할을 대신할 수 있는 재료가 바로 고추였기 때문이다. 캡사이신 성분이 지닌 항균 작용 덕에 비싼 소금을 덜 쓸 수 있었던 것이다. 피멘톤을 넣어 만든 초리소의 독특한 풍미는 머지않아 사람들의 입맛을 사로잡았고, 스페인과 포르투갈 지역의 전통 육가공품으로 우뚝 섰다. 궁핍이 오히려 다양성 면에서 풍요를 낳은 셈이다.

초리소/쇼리수는 스페인과 포르투갈 식탁에서 빼놓을 수 없는 존재다. 그냥 얇게 썰어 와인 안주로도 먹지만 각종 요리에서 맛을 내는 재료로 쓰이기도 한다. 전통적인 쇼리수의 모습이 많이 남아 있는 곳은 포르투갈이다. 포르투갈의 소시지는 '채워넣는다'는 뜻을 가진 엔시두Enchido라 불리는데, 매콤한 쇼리수도 수많은 엔시두 중 하나다. 스페인의 소시지가 사람들의 변하는 입맛에 맞춰 점차 세련되고 정갈한 맛으로 수렴되었던 반면, 포르투갈은 비교적 다양한 형태의 전통 소시지들을 여전히 만들고 있다. 돼지 간이나 혀 같은 내장과 특수 부위를 갈아넣은 소시지는 소박한 시골의 맛을 낸다. 투박하지만 저마다 독특한 풍미를 갖고 있다.

기억에 남는 건 포르투갈에서 맛본 쇼리수 아 봄베이루Chouriço à bombeiro다. 돼지고기와 지방, 와인과 피멘톤, 마늘, 소금을 넣고 훈연 건조한 포르투갈의 쇼리수를 즉석에서 구워 먹는 포르투갈 전통 요리다. 아사 쇼리수Assa chouriço라 불리는 보트처럼 생긴 점토 그릴 안에 알코올이나 증류주를 넣고 칼집을 낸 쇼리수를 얹는다. 안에 있는 알코올에 불을 붙이면 위에 있던 쇼리수가 먹음직스럽게 구워지면서 오그라들기 시작한다. 그 모양새가 제법 시선을 잡아끌어 먹는 맛을 배가시킨다.

이탈리아인을 닮은 작은 고추
페페론치노

이탈리아 사람들을 두고 성미가 불같다고 하는데, 직접 부딪쳐 겪어보니 반은 맞고 반은 틀린 이야

쇼리수아 봄베이루

기다. 목소리가 크고 감정이 자주 격앙되긴 하지만, 이는 자연스러운 일상의 모습이다. 경상도에 간 서울 사람이 경상도 사람들은 항상 화나 있는 것 같다고 느끼는 것과 비슷하다. 경상도 사람으로서는 이를 지역 문화나 생활양식의 차이에서 비롯된 오해라고 해명하고 싶을 것이다. 화난 게 아니라 말투가 원래 그런 걸 어쩌겠는가.

유난히 목소리가 크고 감정 기복이 심하다는 이탈리아 남부 사람들을 두고 북부인들은 작은 고추 페페론치노Peperoncino를 많이 먹은 탓이라며 놀리기도 한다. 고추 섭취량과 성미 간에 상관관계가 있는지는 잘 모르겠지만, 분명한 건 페페론치노로 남부와 북부의 식문화를 구분하기도 한다는 점이다. 북부의 전통 요리 가운데 고추로 매운맛을 내는 요리는 찾아보기 힘들다. 이탈리아 요리 중 페페론치노가 들어갔다고 하면 십중팔구 남부 지역의 요리라고 봐도 좋다. 남쪽, 특히 칼라브리아 지방이 페페론치노를 많이 생산하는 만큼 이 지역에서 고추를 넣은 전통 요리를 쉽게 찾아볼 수 있다.

손톱만 한 크기의 고추를 말린 이탈리아의 페페론치노는 작은 고추가 맵다는 말을 실감케 한다. 고춧가루 넣듯이 요리에 뿌려 넣으면 지옥의 맛을 경험할지도 모른다. 아무리 매운맛을 좋아하는 남부 사람이라지만 어디까지나 서양인은 서양인이다. 그들은 매

콤함이 살짝 느껴질 정도를 즐기지 우리처럼 땀을 뻘뻘 흘리며 고
통에 거워하면서까지 맵게 먹지는 않는다. 따라서 요리에 쓸 때도
기름에 살짝 넣은 후 건져내 고추 향만 입히거나, 적은 양의 페페
론치노를 잘게 부수어서 사용한다.

고추가 이탈리아로 건너온 건 1535년으로 추정된다. 당시 사람
들은 고추의 매운맛을 독이라 생각했다. 오랫동안 식재료로 삼지
않았던 고추가 이탈리아 요리책에 처음 등장한 건 그로부터도 한
세기가 지난 뒤였다. 나폴리의 요리사 안토니오 라티니가 쓴 요리
책에 '스페인식 소스Salsa alla spagnola'가 등장하는데, 이 소스의 주재
료가 토마토와 페페론치노. 이탈리아에서 고추를 사용하기 전
부터 스페인에서는 이미 식재료로 쓰고 있었던 것을 알 수 있다.

이탈리아의 생소시지 살시차와 건조 발효 소시지인 살라미에
도 고추가 들어간다. 매운 살라미를 뜻하는 피칸테 살라미는 스페
인 초리소의 영향을 받았다고 보기도 하지만 장담할 수는 없다. 고
추가 유럽에 본격적으로 전래되고 식용화되기 시작하면서 각지에
서 자생적으로 고추를 이용한 요리가 발생했다고 보는 견해도 있
기 때문이다. 피칸테 살라미는 생김새만 보면 페퍼로니 피자 위에
올려진 동그란 페퍼로니와 닮아 있다. 페페로니Peperoni는 이탈리
아어로 달콤한 고추를 뜻하는 말이지만, 페퍼로니Pepperoni는 미국
에서 만든 유사 피칸테 살라미다. 돼지고기로 만드는 피칸테 살라

미와는 달리 돼지고기를 비롯해 쇠고기, 칠면조 고기 등 다양한 고기가 사용되며 단면의 입자가 매우 고운 것이 특징이다. 피칸테 살라미가 전통 방식으로 만들어지는 반면, 페퍼로니는 인공첨가물의 힘을 빌려 단기간에 대량 생산된다는 차이가 있다. 가공 소시지가 전통 발효 소시지의 풍미를 따라갈 수 없고, 페페로니와 피칸테 살라미의 풍미는 차원이 다르다.

대표적인 오일 파스타인 알리오 올리오 에 페페론치노$^{Aglio\ olio\ e\ peperoncino}$처럼 직접적으로 알싸한 매운맛을 내는 요리도 있지만, 대부분은 고추를 직접 사용하기보다 간접적으로 매운맛을 낸다. 이탈리아의 디아볼로 피자$^{Diabolo\ pizza}$는 '악마^{Diabolo}'라는 무시무시한 이름처럼 눈물 나게 매운맛을 낼 것 같지만 꼭 그렇지는 않다. 피칸테 살라미를 얇게 썰어 올려 매콤한 풍미를 내긴 하나 결코 맵지는 않다. 눈물 나게 매운맛을 기대한 이라면 실망이 클 것이다.

매운맛,
함부로 권하지 말 것

서양 사람들은 우리와는 달리 맵고 자극적인 맛을 좋아하지 않는다. 눈물 쏙 빠지게 매운맛에 익숙한 한국인들에겐 매운 축에도 못 끼는데, 그들이 이런 음식에서 느끼는 매운 정도는 우리의 상상을 초월한다. 나도 처음엔 믿지 못했다가 이를 이해하게 된 계기가 있다.

이탈리아로 유학을 떠나온 지 5개월쯤 됐을 무렵이다. 그동안 한국식 요리라곤 거의 먹어보지 못했는데, 어느 날 친구가 한국 음식이 그리울 거라며 라면 한 박스를 소포로 보내왔다. 얼마 만에 맛보는 고향의 맛인가 하는 기대에 당장 주방으로 향했다. 평소 같으면 쳐다도 안 봤을 봉지 뒷면의 조리 방법을 꼼꼼히 읽고 단 한 치의 오차도 없이 정성 들여 라면 한 그릇을 만들었다. 벅찬 감격을 뒤로하고 한 젓가락을 집어 입안에 넣었는데, 아! 혀에 느껴진 건 전기가 통한 것 같은 고통이었다. 그동안 전혀 느끼지 못했던 강렬한 자극이 내 미각 세포를 쉴 새 없이 공격했던 것이다.

눈물 콧물 다 쏟으면서 한 그릇을 비우려 했지만, 그러지 못했다. 먹으면 입에서 불이 난다는 볶음면도 아니고, 한국에서 늘 익숙하게 먹어오던 라면이었지만 도저히 먹을 수 없었다. 그제야 비로소 깨달았다. 외국인들이 매운 음식을 먹었을 때 느끼는 고통이 어떤 것인가를.

언젠가 텔레비전 방송에서 한식을 세계에 알린다며 외국인들에게 김치를 권유하던 장면이 생각난다. 김치를 처음 맛본 외국인은 이내 오만 가지 인상을 쓰며 혀를 내밀고는 '핫, 핫'을 외치고 패널들은 재미있다며 깔깔거렸다. 지금 와서 생각해보면 그것은 일종의 폭력이었는지 모른다. 매운맛은 '맛'이라 부르긴 하나 단맛, 쓴맛, 신맛, 짠맛과 같은 맛의 일종이 아니라 고통을 느끼는 통각의 한 종류다. 고추가 고문에 사용됐던 게 이를 입증한다. 자극적인 음식을 거의 접하지 않는 사람이 갑자기 매운 음식을 먹으면 복통을 일으키기 마련이다. 한국인이 주는 매운 음식을 먹고 화장실을 몇 번 들락거려본 이탈리아 친구들은 라면이나 고추장을 결코 입에 대지 않았다.

워낙 맵고 자극적인 음식에 둘러싸여 살고 있는 우리는 잘 못 느끼지만 다른 문화권 사람들에게 우리의 매운 음식은 '먹을 수 없는 것'이다. 나에게 좋으면 남에게도 좋으리라는 착각을 버리는 것. 음식이 우리에게 가르쳐주는 바이기도 하다.

04.

_____

그 많던 **참치**는
다 어디로 갔을까

달콤한 주말, 늦잠을 자려던 계획
은 느닷없이 들려온 노크 소리에 물거품이 됐다. 날씨도 좋으니 드
라이브를 가자는 세프였다. 사계절 내내 날씨가 좋은 시칠리아에
서 무슨 소린가 싶었지만 그래도 신경 써주는 게 고마워 주섬주섬
옷을 챙겨 입고 나갔다. 한두 시간 차를 몰아 도착한 곳은 바다가
보이는 어느 작은 어촌 마을. 내가 누군진 알겠는데, 여긴 또 어딘
가. 스마트폰을 꺼내 위성 지도를 보니 시칠리아 동남쪽 끝 마르차

메미라고 뜬다. 대체 셰프는 무슨 연유로 이곳에 온 것일까.

마르차메미는 10세기경 아랍인이 만든 지도에 그 이름이 등장할 만큼 오랜 역사를 자랑한다. 당시 아랍의 지배를 받던 시칠리아. 이곳 해변의 생김새가 마치 멧비둘기Turtle doves를 닮았다고 해서 아랍인들은 과거 이곳을 '마르사 알 하맘Marsà al-hamam(멧비둘기 항구)'이라 불렀다. 시칠리아 서쪽 끝에 위치한 항구도시 마르살라Marsala가 아랍어 '마르시알라Marsa allāh(신의 항구)'에서 유래된 것과 비슷한 격이다.

걸어서 30분이면 온 동네를 돌아볼 수 있을 정도로 작은 마을이지만 한때는 시칠리아 동쪽 시라쿠사의 참치잡이 중심지였다. 1960년대까지 이곳은 참치를 비롯한 다양한 어족 자원을 바탕으로 호황을 누렸다. 우리가 울릉도 하면 오징어잡이를 떠올리듯 이탈리아인들에게 시칠리아 하면 떠오르는 건 바로 마탄차Mattanza라고 불리는 참치잡이 장면이다. 마탄차는 매년 6월 지중해를 지나는 참치를 그물에 가둬 대량으로 포획하는 조업 방식으로, 시칠리아와 스페인 남부에서 찾아볼 수 있다. 우리나라 통영, 남해에서 죽방을 이용해 멸치를 잡듯 이 지역에서는 오랫동안 이어져온 전통이다.

마탄차의 방법은 단순하다. 참치가 지나는 길목에 커다란 그물로 미로를 만들어 참치 떼를 한곳에 끌어들인다. 그다음 그물을 서

서히 들어올리면 참치들이 수면 위로 올라온다. 이 참치들을 갈고리로 하나하나 찍어 올려 잡는다. 그러나 말이 쉽지 큰 놈은 600킬로그램도 더 되는 참치를 갈고리만 사용해 끌어올린다고 생각해 보라. 한 번에 수백 마리씩 잡았다고는 하지만 결코 쉽지 않은 일이다.

마탄차가 있는 날이면 마르차메미 앞바다는 참치들의 피로 붉게 물들었다고 한다. 붉은 바다 위로 산더미 같은 참치가 실려오는 모습, 상상이 되는가. 피로 물든 바다와 생을 다한 참치들, 그리고 그 앞에 서서 만선의 기쁨을 누리며 담배를 문 시칠리아 어부들의 모습. 생과 사, 생업의 고단함과 잔혹함 사이……. 살벌하면서도 코끝이 찡한 풍경이다.

참치는 고대 그리스 시대부터 인기를 끈 미식 재료였다. 그중에서도 지방이 많은 복부와 목 부위를 최고로 쳤다. 시칠리아에서는 참치 뱃살Ventresca을 숯불에 구운 스테이크가 인기다. 한입 베어 물면 진하고 고소한 맛이 우러난다. 살코기도 다른 생선들에 비해 많을 뿐 아니라 부산물도 쓸모가 있어 참치는 버릴 게 하나도 없는 '바다의 돼지'라고 불렸다. 지금은 찾아보기 힘들지만 참치 눈알과 심장, 생식기 등도 귀한 식재료 대접을 받았다.

참치잡이가 한창이던 시절, 근해에서 잡아올린 참치는 수출용을 제외하곤 즉시 가공 공장으로 보내졌다. 대부분 쪄서 익힌 후

통조림으로 만들어졌다. 맛있고 비싼 참치를 잡아 기껏 통조림을 만들었다니 기가 막히지만, 통조림 참치는 많은 사람의 허기를 달래주던 간편 식품이었다. 냉동 시설이 없던 시절, 생선은 주로 가공을 거친 후 판매됐다. 참치는 지방질이 많은 탓에 해풍에 말리거나 소금에 절이기가 적절치 않았다. 익힌 후 오일에 담그는 방법이 보존 기한을 늘리는 가장 손쉬운 해결책이었던 것이다. 전통적으로 이탈리아 참치는 한 번 쪄낸 후 올리브유에 담갔다가 병에 담아 가공됐다. 통조림은 음식물의 보존 기한을 획기적으로 늘린 위대한 발명이지만, 알고 보면 전통적인 음식 보존 방식의 연장선상에 있다고 할 수 있다.

이탈리아에서 생산되는 통조림 참치는 올리브유에 한번 절이는 과정을 거치기에 우리가 늘 먹는 것과는 풍미가 조금 다르다. 하지만 그래도 퍽퍽한 살코기란 점에선 큰 차이가 없다. 참치에게 그저 미안할 따름이다.

마르차메미는 참치뿐 아니라 참치 알을 염장해 만든 보타르가 Bottarga를 비롯해 고등어, 멸치, 정어리, 문어 등을 가공하는 수산물 생산 기지이기도 했다. 가공된 제품은 철도와 차량, 배에 실려 이탈리아뿐 아니라 유럽 전역에 판매됐고 지역 사람들에게 번영을 가져다줬다.

그러나 맑은 날이 있으면 흐린 날도 있는 법. 영광스러운 나날도 잠시, 1960년대를 기점으로 참치 어획량이 급격히 줄어들기 시작했다. 무자비한 남획이 참치 개체 수 감소의 원인으로 지목됐다. 줄어든 참치 어획고만큼 마르차메미의 경제도 빠르게 무너졌다. 많은 참치 가공 공장이 문을 닫았고, 사람들도 일자리를 찾아 썰물 빠지듯 마을을 떠났다. 오늘날엔 한두 곳의 가공 업체만 남아 과거의 명맥을 근근히 유지하고 있다. 도시 곳곳에 보이는 폐허가 된 참치 시장과 대형 창고만이 과거의 영광을 애처롭게 기억하는 듯하다. 돌아오는 길, 참치에게는 미안한 일이지만 마르차메미 앞바다에 참치 떼가 돌아와 환한 미소를 짓는 어부들의 표정을 보고 싶다는 생각이 들었다.

파
바
다

05

찬바람이 불면
생각나는
겨울의 맛

　　　　　　　　찬바람이 쌀쌀하게 불어오는 겨
울이면 유독 생각나는 음식이 있다. 얼어붙은 몸과 마음을 단번에
녹여주는 따뜻한 국물 요리다. 우리에겐 국밥이 그렇다. 따끈한
고기 국물에 각종 고명과 밥을 말아 넣은 국밥 한 그릇은 차갑게
언 몸을 녹여줄 뿐 아니라 활동에 필요한 에너지를 한 번에 공급해
준다. 추위를 나기 위한 방편이자, 고단함을 잊게 하는 음식이다.
유난히 겨울에 이런 고열량 음식이 끌리는 건 얼어 죽지 않기 위해

필요한 열량을 확보해야 한다는, 인간 유전자에 새겨진 생존 본능과도 연관이 있지 않을까. 이를 증명하기라도 하듯 추운 겨울을 겪어야만 하는 나라에서는 열량이 응축된 따뜻한 국물 요리를 쉽게 찾아볼 수 있다.

콩과 고기의 얼큰한 만남,
파바다

스페인 북부 아스투리아스 지방에서는 파바다Fabada가 그런 음식이다. 우리가 '전주' 하면 '비빔밥'을 반사적으로 떠올리듯, 아스투리아스 하면 대표적인 요리가 파바다. 파바다는 이 지방 특산물인 흰 강낭콩 파베스Fabes를 이용한 스튜 요리다. 여느 콩 요리와 다를 바 없어 보이는 파바다를 특별하게 만드는 건 콤팡고Compango라 불리는 세 가지 재료다. 콤팡고는 훈제 피망 가루를 넣은 건조 발효 소시지인 초리소와 돼지피를 넣은 훈제 순대 모르시야Morcilla, 그리고 염장한 삼겹살 토시노Tocino를 말한다. 돼지에서 얻은 이 세 가지 재료는 특히 스페인 북부, 아스투리아스와 갈리시아, 칸타브리아 지방의 부엌에서 없어선 안 될 필수 요소다. 우리가 된장국을 끓일 때 된장을 사용하듯 콤팡고는 국물 요리에 빠지지 않는 재료다.

파바다를 만드는 법은 의외로 간단하다. 하루 정도 물에 불린 파베스와 콤팡고를 냄비에 넣고 물을 부어 한두 시간 뭉근히 끓이기만 하면 된다. 시간이 오래 걸릴 뿐 라면 끓이기만큼이나 쉽다. 콤팡고에서 충분히 향과 맛이 우러나오기에 다른 조미료를 첨가할 필요도 없다. 기호에 따라 채소나 향신료 등을 넣기도 하는데, 일부 파바다 원리주의자(?)들은 파바다에 어떠한 향신료도 첨가하지 않아야 진정한 파바다라고 주장한다. 평양냉면에 식초와 겨자를 넣으면 더 이상 평양냉면이 아니라고 하는 것과 비슷하달까. 하지만 냉면이 그러하듯 이는 어디까지나 취향의 문제일 뿐이다.

향긋한 냄새를 풍기며 끓고 있는 파바다 냄비의 뚜껑을 열어 안을 살펴보자. 안에서 무슨 마법이 일어나는 걸까. 스페인식 고춧가루가 들어간 초리소에서는 소시지 특유의 감칠맛과 매콤한 맛이 배어 나온다. 여기에 구수하면서도 시큼털털한 맛을 주는 모르시야와 염장 삼겹살 토시노가 주는 독특한 풍미가 어우러진다. 이렇게 장시간 끓인 파바다를 접시에 담고 한 숟갈 떠먹어보면 곧 익숙한 맛이 떠오른다. 머릿고기가 듬뿍 들어간 순대국밥과 다진 양념을 한껏 푼 돼지국밥, 그리고 녹진한 내장탕 사이 어딘가에 있는 듯한, 낯설지만 익숙한 겨울의 맛이다. 영혼까지 감싸주는 진한 국물과 부드럽게 익은 파베스를 한 숟가락 떠서 입에 넣으면 추위도 배고픔도 먼 나라 남의 이야기일 뿐이다.

서민의 고기 요리와
귀족의 고기 요리

일반적으로 스튜 요리는 고기와 채소를 물에 넣고 푹 끓여낸 것을 말한다. 우리 갈비찜을 떠올리면 된다. 그냥 구워 먹어도 될 텐데 왜 굳이 푹 익히는 걸까.

동서양을 막론하고 과거 고기를 얻는 방법은 크게 두 가지였다. 하나는 나이 든 가축을 도살하는 것. 농촌에서 농사일을 돕거나 젖을 짜기 위해 키우던 가축이 늙어 더 이상 쓸모없어졌을 때의 선택지다. 다른 하나는 어린 가축을 도살하는 것으로, 오로지 부드럽고 연한 고기를 얻고자 할 때 쓰는 방식이다. 나이 들어 잡은 고기는 지방이 적고 육질이 질기지만 맛이 진한 반면, 어릴 때 잡은 고기는 기름지고 연하며 부드럽지만 맛의 풍미는 덜하다는 차이가 있다.

이렇게 식재료의 특성이 다르니 고기 요리법도 달랐다. 장시간 익히는 스튜는 어떤 부위를 사용하든 고기가 부드러워져 나이 든 질긴 고기에 적합한 조리법이다. 반면 굽는 방식은 맛이 연한 고기의 풍미를 살리기 좋다. 구울 때 고기 표면에서 생기는 마이야르 반응으로 인해 맛과 풍미가 더 좋아지기 때문이다. 이 때문에 부자들은 연하고 기름진 고기를 구워 먹는 방식을, 가난한 서민들은 질긴 고기도 부드럽고 푸짐하게 먹을 수 있는 스튜 방식의 요리를 발전시켜왔다.

'코지두'와 '코시도'

코지두Cozido à portuguesa는 돼지고기나 소고기를 감자, 당근, 순무, 양배추, 콩 등 채소와 함께 푹 끓여낸 포르투갈식 스튜다. 스튜라고는 하지만 국물과 건더기를 따로 접시에 낸다. 돼지고기나 소고기, 닭고기 등이 사용되는데 스페인 북부에서 사용되는 콤팡고(모르시야, 초리소, 염장 삼겹살)가 포함돼 있는 것이 특징이다. 스페인 마드리드의 코시도 마드리에뇨Cocido madrileño, 칸타브리아 지방 리에바나의 코시도 레바니에고Cocido lebaniego와 그 형태가 거의 흡사하다. 이들의 뿌리는 중세 이베리아반도에 살던 유대인들의 요리인 아다피나Adafina에서 출발한 것으로 본다. 아다피나는 유대교에서 요리가 금지된 안식일 전날에 주로 만들어 먹던 요리로 콩과 채소, 달걀과 쇠고기, 닭고기 등을 12시간 이상 푹 끓여 만든다. 일설에 따르면 이베리아반도에서 가톨릭의 반유대주의가 절정에 달한 15세기경, 비유대인들이 아다피나에 유대교가 금기하는 돼지기름과 초리소, 모르시야 등을 넣어 자신이 유대인이 아니라는 걸 증명했던 것이 오늘날 코시도의 기원이 됐다고 한다.

뜻하지 않은 고향의 향기,
시칠리아식 청국장

겨울의 맛 하니 떠오르는 장면이 있다. 끝나지 않을 것 같던 한여름의 더위가 물러나고 본격적인 우기가 찾아온 시칠리아의 가을 무렵이었다. 찬바람이 불면 좀 한가해진다는 셰프의 말과는 달리 9월 초 갑자기 몰려든 단체 손님들로 인해 주방은 한동안 비상사태였다. 끼니도 잊은 채 일하던 어느 날, 문득 피어오르는 낯익은 향기에 몸이 반응했다. 쿰쿰하면서 구수한 이 냄새는 뭐지? 이탈리아에 오면서 한동안 잊고 지냈던 향기, 바로 청국장의 향이었다.

고향의 향기를 내뿜던 이 요리의 정체는 마코 디 파베^{Macco di fave}라는 시칠리아 전통 콩 수프였다. 시칠리아 방언으로는 마쿠 디 파비^{Màccu di favi}, 말 그대로 파베^{fave}(잠두콩)로 만든 수프다. 말린 파베를 물에 넣어 뭉근하게 끓이는 요리인데, 파베를 말리는 과정에서 콩이 발효되며 청국장과 비슷한 향을 낸다.

시칠리아와 이탈리아 남부의 풀리아 지방에서는 초여름에 수확한 파베를 잘 말려 창고에 두고 추운 겨울을 날 식량으로 삼았다. 찬바람이 불기 시작하면 펜넬^{Fennel}(회향)을 넣고 뭉근하게 끓여 따뜻한 콩 수프를 만들었다. 여기에 구운 빵 조각을 얹고 올리브유를 뿌려 먹는 것이 전통이다. 마코 디 파베는 파스타 소스로도 활용된다. 구수하고 걸쭉한 풍미가 파스타 면과도 꽤 잘 어울린다. 청국장 향이 나는 걸쭉한 콩국수의 맛쯤 될까.

우리가 청국장 하면 시골의 맛을 연상하듯이 이탈리아에서도 마코 디 파베는 전형적인 시골 음식으로 통한다. 사라져가는 다른 전통 요리처럼 마코 디 파베도 젊은이들로부터 외면을 받으면서 나이 든 사람이나 먹는 고리타분한 음식으로 전락했다. 발효된 콩류가 내는 특유의 향과 풍미 탓이다. 영양학적으로 효능이 강조되면서 재조명받고 있긴 하지만 세련되고 자극적인 맛에 익숙한 젊은이들과는 거리가 점점 멀어지는 추세다. 마코 디 파베를 보고 있자니 우리네 청국장과 비슷한 신세인 듯싶어 괜히 안타까운 마음이 든다.

이탈리아의 내장 요리,
트리파

빼놓으면 섭섭할 겨울 요리가 또 있다. 찬바람이 불기 시작한 10월, 주방에서 홀로 점심을 먹던 중이었다. 호텔 데스크 직원 페페가 다가오더니 손에 든 커다란 검은 비닐봉지를 들어올렸다. 싱싱한 트리파Trippa를 가져왔다면서. 트리파는 소의 위장을 뜻하는 말로 우리나라로 치면 천엽과 양 부위

트
리
파

스튜와 수프

스튜Stew와 수프Soup 둘 다 재료를 물 또는 육수에 넣고 끓이는 요리 방식을 말한다. 차이점이라면 수프는 가벼운 재료, 즉 가루 형태의 재료나 잘게 썬 재료를 단시간에 끓여 만드는 반면, 스튜는 좀더 단단하고 큰 재료를 오랜 시간 끓여 만드는 요리라는 점이다. 완성된 요리의 형태에도 차이가 있다. 수프는 국물의 비중이 더 많은 반면, 스튜는 건더기의 비중이 더 많은 것이 특징이다. 수프는 국물을 내는 것, 스튜는 건더기를 부드럽게 익히는 것이 목적이다. 이 때문에 수프는 메인 요리 전이나 디저트로 나오는 게 보통이나 스튜는 메인 요리로도 손색이 없다.

를 말한다. 요리학교 시절 이탈리아에도 내장 요리가 있다는 걸 익히 들었지만 접해볼 기회가 없던 참이었다.

며칠 후 셰프가 손수 트리파 요리 시범을 보여주겠다며 팔을 걷어붙이고 나섰다. 셰프가 검은 봉지에서 트리파를 꺼내자, 웬걸 천엽의 색깔이 흰 게 아닌가. 한국에서 회색빛 천엽을 참기름에 찍어 먹는 걸 좋아했던 터라 적잖이 놀랐다. 이탈리아 소는 천엽 색깔도 흰 걸까 싶어 셰프에게 물으니, 천엽을 박박 문질러 새하얗게 만든 것이라고 한다. 회색 부분을 벗겨내지 않으면 내장의 비린내가 많이 난다는 것이다. 셰프는 물을 받아놓고 거기에 레몬즙을 짜더니 손빨래하듯 천엽과 양을 박박 문지르기 시작했다. 굳이 왜 저런 수고를 하나 싶었는데, 깨끗이 손질된 천엽과 양에서는 특유의 잡내와 비릿함이 말끔히 사라져 있었다.

시칠리아식 트리파 요리를 만드는 과정은 크게 어렵지 않다. 우선 손질된 트리파를 끓는 물에 데친다. 다른 큰 냄비에 다진 양파와 당근, 샐러리를 볶은 뒤 데친 트리파와 소금을 넣고 한 번 볶는다. 그런 다음 토마토소스를 넣고 다시 한번 볶은 뒤 물을 붓는다. 여기에 월계수 잎과 후추 등 향신료를 넣고 한 시간쯤 뭉근하게 끓이면 걸쭉한 트리파 요리가 완성된다. 토마토가 들어간 일종의 내장탕이라고 보면 된다. 언뜻 생각하면 토마토 스파게티 소스 같은 맛이 날 것 같지만 희한하게 고추장과 된장을 푼 듯한 깊은 맛이 난다. 내장탕에서 느낄 수 있는 부드러운 질감과 구수한 향이 전혀 위화감 없이 우러나온다.

과거 값비싼 고기가 있는 자들의 몫이었다면, 소의 부산물은 언제나 가난한 자들의 몫이었다. 어떻게든 이 부산물들을 먹어야 했기에 탄생한 것이 트리파 요리다. 소를 많이 키우는 지방이라면 어떤 방식으로든 트리파 요리가 존재하기 마련이다. 오래 끓이는 스튜가 일반적이지만 트리파를 다져 소시지로 만들거나 볶아서 빵에 끼워 먹기도 한다. 이탈리아뿐만 아니라 스페인, 포르투갈에도 비슷한 방식의 트리파 요리가 있다. 이름과 방법은 다르지만 겨울의 맛이라고 할 만한 포근함을 선사해준다는 공통점이 있다.

다른 전통 음식이 그러하듯 트리파 요리도 사양길에 접어들고 있다. 동갑내기인 셰프도 어릴 적 부모님이 해준 트리파가 기억에 남는다고는 하지만 일부러 찾아 먹을 만큼 좋아하지는 않는다. 젊은 세대와 단절된 전통 음식은 사라질 가능성이 크다. 어떤 음식을 먹는 즐거움이 하나의 행복이라고 한다면, 한 음식의 소멸은 행복할 거리가 하나 줄어드는 것이나 다름없다. 전 세계의 많은 전통 요리가 내가 먹어보기도 전에 박물관이나 책에서만 볼 수 있는 박제된 요리로 남겨지지 않기를 바랄 따름이다.

06

시칠리아 햄버거와
로컬푸드

요즘 시칠리아에서 가장 인기 있는 식당을 꼽으라면 단연 'FUD'다. Food도 아니고 FUD라는 도발적인 이름으로 카타니아와 팔레르모 두 곳에서 영업 중인 이곳은 다름 아닌 햄버거 가게다. 이탈리아에서 파스타나 피자가 아닌 햄버거라니. 그 흔한 피자, 파스타, 아란치니가 이곳엔 없다. 정말 햄버거만 판다. 보통의 햄버거 가게와 별다른 게 없어 보이는 이곳이 특별한 이유는 따로 있다. 이곳을 보면 로컬푸드가 트렌드와 만날 때 어떤 결과물이 나오는지 알 수 있기 때문이다.

FUD는 완전한 로컬푸드를 지향한다. 로컬푸드란 지역에서 생산된 식재료를 그 지역에서 소비하자는 개념이다. FUD Bottega Sicula, 직역하면 '시칠리아 가게'로 이름에서도 그 의지를 엿볼 수 있다. FUD는 food를 이탈리아식으로 소리 나는 대로 적은 것이다. 메뉴도 Am Burgher(암부르게르: 햄버거), OdDog(옷도그: 핫도그), Uain(우아인: 와인) 등 단순한 말장난 같지만 나름의 철학을 담고 있다. 비록 형식은 외국 것이지만 재료는 우리 것으로 만든다는 의지가 담겼다. 시칠리아 밀로 만든 빵, 모디카 지역의 닭, 시칠리아 토착종 소와 돼지, 주변에서 나고 자란 채소까지 이곳 식재료의 90퍼센트는 모두 시칠리아 땅에서 나고 자란 것이다. 그렇다면 시칠리아산이 아닌 나머지 10퍼센트는 뭔지 궁금해진다.

FUD는 시칠리아에서 얻은 식재료로 햄버거를 만들고 그에 어울리는 시칠리아산 와인과 맥주를 선보인다. FUD의 음식은 이탈리아 음식이라 해야 할지, 미국 음식이라 해야 할지 헷갈린다. 과연 요리의 국적을 정의하는 것은 형식일까 아니면 그 안에 채워진 재료일까. 그저 '퓨전'이라고 하기에는 뭔가 부족한 감이 있다.

로컬푸드를 지향하는 FUD의 사업 방식은 꽤 영리하다. 유럽 전역에서 유행하는 아메리칸 펍의 분위기에 원산지를 한눈에 알 수 있는 햄버거, 그리고 여기에 어울리는 지역 맥주와 와인으로 콘

셉트를 분명히 했다. 자신들의 성공은 곧 지역 생산자들의 이익이라는 명분도 갖췄다. 눈여겨볼 부분은 고객이 스스로 지금 무엇을 먹고 있는지 직관적으로 알 수 있도록 했다는 점이다. 특정 재료의 원산지와 재료명을 강조한 메뉴판과 인테리어가 먹고 있는 음식에 대한 신뢰를 준다. 스스로를 음식을 즐기는 푸디Foodie로 여기는 이들에게 이러한 접근 방식은 꽤 효과적인 마케팅 방법이다. 푸디들은 단지 미각뿐만 아니라 오감으로, 지적으로도 음식을 즐기기를 원한다. FUD는 어떻게 하면 이들을 만족시킬지를 정확히 알고 있는 듯하다. 시칠리아에서 열리는 행사에 빠지지 않고 참여해 지역 요리사들과 컬래버레이션을 하며 인지도를 높이고 있다. 로컬푸드라는 명분으로 하나의 문화와 팬덤을 만들어낸다는 점은 주목할 만하다.

푸디 Foodie

음식에 열렬한 관심이 있는 이들을 통칭하는 용어로 1981년 폴 레비Paul Levy라는 미국 저널리스트가 처음 사용했다. 원래 음식과 식문화산업 전반에 대해 높은 관심과 열정을 보이는 이들을 지칭했다. 최근에는 음식에 대해 지나친 집착을 보이거나 단지 과시로 음식을 소비하는 이들을 뜻하는 부정적인 뉘앙스로도 사용된다.

FUD와 제휴를 맺고 있는 수제 맥주 브랜드 TARi도 꽤 흥미롭다. TARi는 2010년 모디카의 작은 공방에서 출발해 지금은 시칠리아 크래프트 맥주를 대표하는 브랜드로 성장했다. 주목할 만한건 지역 특산물을 접목시켜 독특한 개성을 지닌 맥주를 만들어낸다는 점이다. 라구사 지역 특산물인 카루보(캐럽) 열매, 초콜릿으로 유명한 모디카의 카카오, 시칠리아가 자랑하는 레몬 등을 이용해 개성 넘치는 맥주를 생산한다. 값은 웬만한 와인과 맞먹지만 워낙 햄버거와 잘 어울린다. FUD와 TARi의 제휴는 탁월한 선택처럼 보인다.

결국 음식이란 그 지역을 기반으로 존재해야 하는 것이다. 굳이 큰 비용 들어가며 다른 나라에서 수입한 식재료를 사용한다 한들 현지의 맛을 그대로 재현할 수 있을까. 한국 레스토랑에서 이탈리아산 트러플을 잔뜩 뿌리고 프랑스에서 공수해온 푸아그라를 쓴다고 현지에서 먹는 것보다 더 나은 맛을 느낄 수 있을까. 프랑스에서 먹는 프랑스 요리와 한국에서 먹는 프랑스 요리는 어떻게 달라야 할까. 결국 고민은 음식을 만드는 사람의 몫이며, 답은 지역의 식재료가 가진 고유성, 특수성에서 찾아야 한다.

물론 풀어야 할 숙제는 많다. 단지 국내산 재료만 쓴다고 해서 로컬푸드라 할 수 있는지, 로컬의 범위를 어디까지 봐야 할 것인지 등의 기준을 정하기란 쉽지 않다. 국내에서도 유능한 요리사들이 저마다 이 문제의 답을 찾아내고 있지만, 주로 파인 다이닝 영역에서만 논의가 이뤄진다는 점이 아쉽다. FUD처럼 스트리트 푸드와 같은 대중적인 영역에서도 로컬푸드에 대한 개성 넘치는 아이디어가 나왔으면 하는 바람이다.

07

알 덴테 파스타에 관한
오해와 진실

음식과 관련된 이야기 중엔 미신에 가깝지만 대중에게는 기정사실처럼 받아들여지는 것들이 있다. 가령 스테이크 겉면을 지지면 속에 있는 육즙을 가둘 수 있다는 설이 대표적이다. 한때 과학적인 사실인 양 받들어졌지만, 요즘에는 누가 그런 소리를 하면 이제 와 천동설을 주장하는 사람처럼 취급받기 십상이다. 겉면을 지진다고 해서 단백질이 비닐처럼 방수가 되는 성분으로 바뀌는 게 아니라는 건 당장 스테이크를 구워

보기만 하면 알 수 있는 사실이다.

이 밖에도 요리에 술을 넣고 오래 끓이면 알코올 성분이 완전히 날아간다든가(아무리 오래 끓여도 알코올이 완전히 사라지지는 않는다), 고기를 구울 땐 한 번만 뒤집어야 맛있다(정말?)는 둥, 어디서 듣긴 했는데 사실인지 아닌지 찾아보기는 수고롭기 짝이 없는, 하지만 어쩐지 그럴싸해 보여서 그냥 믿어버리고 싶은 미신과 오해가 식탁 위에 오르내린다. 그중에서 우리가 살펴볼 건 바로 '알 덴테^Al dente' 파스타에 관한 이야기다.

알 덴테란 직역하자면 '이빨로'란 뜻이다. 흔히 파스타 면이 뚝뚝 끊기다 못해 심지가 치아 사이에 낄 정도로 덜 삶아져서 나온 파스타를 일컫는 용어로 알려져 있다. 파스타의 본고장 이탈리아에서는 모든 사람이 파스타를 알 덴테로 먹으며, 부드럽게 익혀 나온 파스타는 촌스러운 스타일 내지는 파스타를 잘 모르는 사람들이나 먹는 것이라고도 한다. 결론부터 말하자면, 이탈리아 사람들이 들으면 기가 차고 코가 막힐 내용이다. 이 사이에 낄 정도로 덜 익힌 파스타를 이탈리아 사람에게 내면 당장 식탁을 엎어버릴 수도 있다.

알 덴테가 무엇인지 제대로 알기 위해선 파스타의 역사를 조금 살펴봐야 한다. 파스타가 지금처럼 고급화되고 세련되어지기 시작한 것은 겨우 20세기에 들어서다. 그전까지 이탈리아 파스타는

우리네 비빔국수와 별 차이가 없었다. 푹 삶아 익힌 면에 지천에 널린 치즈를 수북이 갈아 넣거나 토마토 소스를 부은 후 되는대로 비벼 먹었다. (심지어 손으로 말이다.) 가난한 서민들의 허기를 달래는 음식이었던 파스타가 고급 식당에서 하나의 정식 요리로 자리 잡으면서 차별화를 위한 조리법들이 등장했다. 큰돈을 주고 먹는 파스타는 서민들이 먹는 그것과 확연히 달라야 했기 때문이다. 의욕 넘치는 요리사들에 의해 프렌치 소스 기법이 파스타에도 도입되면서 다양한 소스가 개발됐다. 면은 듀럼밀로 만든 파스타의 탱글탱글한 특성을 최대한 살려 가장 먹기 좋은 상태로 제공됐다.

알 덴테는 이런 파스타의 고급화 과정에서 요리사들이 최적의 면을 만들기 위해 분투하며 만들어낸 개념으로, 조리과정 '도중'의 면 상태를 가리킨다. 다시 말해 알 덴테는 접시 위에 담긴 파스타 면의 상태를 나타내는 말이 아니며, 손님이 먹기 직전의 파스타는 단면을 잘랐을 때 심지가 보일 정도로 덜 익어 있어서는 안 된다.

흔히 파스타는 삶은 면에 소스를 버무려 만드는 쉽고 간단한 면 요리로 알려져 있다. 하지만 사실은 좀더 복잡한 테크닉이 필요하다. 현대 이탈리아 파스타의 핵심은 면과 소스가 하나가 되는 데 있다. 무슨 말인가 하면 파스타를 만드는 과정에서 파스타 면에 유

화^{Emulsion}된 소스를 달라붙게 해야 한다. 잘 만든 이탈리안 파스타란, 소스를 숟가락으로 떠먹을 필요가 없을 정도로 소스와 면이 한 몸처럼 달라붙어 있는 파스타를 말한다. 소스가 면을 타고 주르륵 흘러내리지 않고, 먹고 나면 접시에 소스가 홍건하게 고이지 않는 게 정석이다. 파스타를 주문하면 스푼을 주지 않는 이유다. 자작한 국물과 같은 소스에 갓 삶은 면을 말아 넣고 손님이 비벼 먹는 파스타는 적어도 이탈리아식은 아니라는 소리다.

파스타 종류에 따라 차이는 있지만 기본적으로 오일 파스타라면 올리브유에 재료를 볶아 맛 성분을 오일에 끌어내는 과정을 거친 후 물을 넣고 사정없이 섞어 소스를 만든다. 물과 기름은 완전히 섞이지 않지만 어느 정도 휘저어주면 기름 입자가 미세한 크기로 작아져 마치 물과 섞인 듯한 효과를 낸다. 이것을 유화과정이라고 한다.

파스타가 삶아졌다면 유화된 소스에 넣고 버무려주는데 이 과정이 최종적으로 파스타의 성패를 결정한다. 소스에 면을 투하한 후 팬을 잡고 팔을 이용해 앞뒤로 흔들어주는 묘기 같은 기술이 필요하다. 처음엔 면과 소스가 따로 놀지만 1~2분가량 계속해서 면을 휘저어주면 어느새 소스가 면에 철썩 달라붙는 순간이 온다. 파스타 면에 남아 있는 전분이 빠져나와 소스와 다시 한번 섞이는 과정이다. 이 과정이 제대로 이루어지기 위해선 일정 온도 이상의 열이 필요하므로, 삶아진 파스타는 이렇게 소스와 섞이는 과정에서 더 익게 된다. 알 덴테가 필요한 것은 바로 이 때문이다.

알 덴테는 파스타가 너무 푹 익어버리는 걸 방지하기 위해 고안됐다. 파스타 면은 냄비에서 한 번 익고, 소스가 담긴 팬 위에서 또 한 번 익는다. 만약 당신이 완전히 익은 파스타를 냄비에서 건져냈다면 늦었다는 얘기다. 팬 위에서 소스와 한몸이 되는 과정을 거쳐 손님 앞에 내놓았을 땐 이미 푹 퍼진 파스타가 되어버린다. 파스타는 알 덴테로 삶되, 손님 앞에 나갈 때는 완벽하게 익힌 상태여야 한다는 것. 이것이 이탈리아식 파스타를 만드는 요리사의 기본이다.

어느 정도까지 알 덴테로 익혀야 하느냐는 주방의 상황이나 소스의 종류에 따라 달라진다. 서빙에 걸리는 시간과 소스를 묻히는 시간 등을 고려해 익힘 정도를 달리한다. 일반 가정이라면 봉투 겉면에 표시된 조리 시간대로 삶아도 무방하다. 소스를 묻히는 과정만 제대로 해낸다면 말이다. 듀럼밀로 만든 파스타는 일반 밀로 만든 면과 비교했을 때 그리 쉽게 퍼지지 않으니 너무 서두를 필요는 없다.

이탈리아를 여행하면서 심지가 보이고 이에 낄 정도의 파스타를 먹었다면 "역시 본토에서는 알 덴테로 먹는군" 하며 감탄할 게 아니라 콤플레인을 걸어야 할 일이다. 그것은 조리를 잘못한 파스타임이 틀림없기 때문이다.

08

수줍은
캐럽 나무의
세계여행

어느 금요일 오후. 주방에 나와보니 셰프가 시골에 가야 하는데 누굴 데려갈지 고민이라며 머리를 긁적이고 있었다. 그래봤자 주방엔 셰프와 수셰프, 그리고 있으나 마나 한 실습생인 나까지 세 명뿐. 셰프는 능청맞게 웃더니 나를 지목했다. 진작 그럴 것이지. 옷을 주섬주섬 갈아입은 나는 셰프, 그리고 셰프의 여자 친구인 글로리아와 함께 차에 올라탔다.

도시를 살짝만 벗어나도 끝없는 들판과 밭이 펼쳐지는 시칠리아에서 시골의 경계를 구분하는 것은 무엇일까 하는 고민도 잠시. 차를 달려 도착한 곳은 외딴 농장이었다. 노부부가 마중을 나오더니 글로리아와 반갑게 인사를 한다. 알고 보니 그곳은 그녀의 삼촌이 운영하는 개인 농장으로, 셰프의 레스토랑은 여기서 때마다 제철 식재료를 받아오고 있었다. 이날의 방문 목적은 수확철을 맞은 카루보Carrubo 열매. 종종 레스토랑에서 고기 요리의 소스로 사용하던 카루보 꿀의 재료였다.

이탈리아에서 카루보라 부르는 이 나무는 영어로 캐럽Carob이다. 다이아몬드의 무게를 재는 단위로 쓰이는 캐럿Carat의 어원이바로 이 나무 열매의 씨앗에서 유래됐다. 열매의 크기는 제각각이지만 씨앗의 크기와 무게는 0.2그램으로 항상 동일해 값비싼 귀금속의 무게를 잴 때 이 캐럽 씨앗을 기준 삼아 중량을 측정했다. 뿐만 아니라 금의 순도를 나타내는 캐럿Karat도 캐럽과 관련 있다. 어른 손으로 잡을 수 있는 캐럿 열매는 최대 24개. 그래서 100퍼센트 순도의 금을 24K라 부른다.

우리에게는 생소하지만 캐럽 나무는 수천 년 동안 인류와 함께해왔다. 그런 만큼 캐럽 나무의 발자취를 더듬어보면 꽤 흥미로운 구석이 많다. 기후에 민감한 수종은 나무치고 그 여정이 범상치 않기 때문이다. 캐럽 나무의 원산지는 중동 지역으로 추정된다. 유대인이 쓴 탈무드와 성서에도 자주 언급될 만큼 흔히 볼 수 있는 나

무였다. 고대 그리스인들이 이 나무의 유용성을 일찍이 간파하고 캐럽을 그리스에 옮겨 심은 것이 여행의 시작이다. 그리스인들은 열매와 씨, 목재까지 유용하게 쓸 수 있는 캐럽 나무를 그들의 식민지 곳곳에 가져다 심었다. 시칠리아도 그중 하나였다. 시칠리아는 무더운 기후와 적은 강수량에서 잘 자라는 캐럽 나무가 자라기 좋은 환경을 지녔다. 그리스인들은 비옥한 남시칠리아에 캐럽과 더불어 올리브와 레몬, 밀 등 각종 작물을 심었고 그 수확물을 본국으로 보냈다.

캐럽 나무는 콩과 식물에 속한다. 콩류 작물은 공기 중에 있던 질소를 땅속뿌리에 고정시키는 성질이 있어 주변의 지력을 높인다. 이런 이유로 오래전부터 농부들은 콩과 식물과 다른 작물을 교대로 재배하거나, 작물 주변에 콩을 심곤 했다. 품질 좋기로 유명한 시칠리아의 레몬과 올리브 나무 주변에 캐럽 나무가 많이 심어져 있는 것도 이와 무관하지 않다. 반면 옥수수는 콩과 반대로 땅속의 질소를 빨아들이는 성질이 있어 남미에서는 전통적으로 옥수수와 콩을 함께 심는 지혜를 발휘하기도 했다.

그리스인뿐 아니라 아랍인의 캐럽 사랑도 각별했다. 수줍은 캐럽 나무는 아랍인들의 유럽 진출과 함께하며 그들이 점령한 북아프리카, 이베리아반도에까지 흘러들어가 자리를 잡았다. 지중해를 넘나들던 캐럽 나무는 시간이 흐르면서 대서양까지 영역을 넓했다. 스페인의 신대륙 진출과 함께 멕시코와 남아메리카에 뿌리를 내린 것이다. 영국인들은 본국에서는 자라지 않는 이 나무의 경제적 가치를 눈여겨보고는 자신들이 지배하는 북아메리카와 남아프리카, 인도, 호주에 캐럽 나무를 심었다. 1870년대에 이르러 미국 캘리포니아 지역에서 캐럽 나무 재배가 본격적인 궤도에 올랐다는 기록도 있다.

아낌없이 주는
캐럽 나무

캐럽 나무 열매는 꼭 큰 콩깍지처럼 생겼다. 길쭉한 모양이 메뚜기를 닮았다 해서 메뚜기 콩Locust bean이라고도 불린다. 콩깍지는 여름 끝자락에 갈색으로 변하면서 딱딱해진다. 이 갈색의 깍지를 한입 베어 씹어보면 꽤 진한 단맛이 난다. 말린 대추와 캐러멜 사탕을 통째로 씹는 맛이랄까. 한편 이탈리아에서는 예로부터 카루보 열매를 씹으면 목소리가 고와진다는 속설이 있어 가수들이 카루보 열매를 애용하기도 했단다.

사탕수수처럼 천연의 당분을 지닌 캐럽 열매는 주로 시럽으로 만들거나 가루를 내 카카오 가루 대용으로 쓴다. 초콜릿의 주원료인 카카오 콩이 23퍼센트의 지방과 5퍼센트의 당분을 지닌 데 비

해 캐럽 열매는 7퍼센트의 지방과 45퍼센트의 당분을 함유하고 있다. 풍미는 비슷하지만 양을 절반만 써도 비슷한 정도의 단맛을 내기 때문에 경제적 가치가 높다. 특히 알레르기 반응을 일으키지 않고 카페인도 없어 당뇨 환자들을 위한 초콜릿 대용품 등 건강식품으로도 제법 인기가 있다. 캐럽 가루와 밀가루를 섞어 비스킷을 만들기도 하며, 씨앗은 제빵이나 아이스크림, 분자요리 등에서 안정제, 증점제로 쓰이는 로커스트 빈 검[LBG]을 만드는 주재료로 사용된다. 꽃에서는 캐럽 향을 간직한 진한 풍미의 캐럽 꿀을 채취하고, 나무는 단단해서 목재로 쓰인다. 그야말로 아낌없이 주는 나무다.

캐럽 열매로 시럽을 만드는 일에는 꽤 많은 공이 들어간다. 수확해 주방으로 옮겨온 캐럽 열매는 잊을 만하면 주방 직원들을 괴롭히곤 했다. 시럽을 만들려면 우선 캐럽 열매를 깨끗이 씻은 뒤 통풍이 잘되는 곳에서 말려야 한다. 며칠간 말린 캐럽 열매를 오븐에 넣고 한 차례 열을 가해준다. 캐럽 열매의 풍미를 끌어올리기 위한 작업이다. 가볍게 토스팅Toasting된 캐럽 열매를 일일이 손으로 부러뜨린 후 큰 냄비에 넣고 물을 부어 사흘간 끓이면 끈적한 시럽이 완성된다. 달짝지근하면서 쌉싸름하고, 약간 신맛도 감돈다. 주로 고기 요리의 소스로 쓰이는데, 우리 불고기 양념과 비슷한 맛을 낸다. 캐럽 수확철이 되면 농가의 상점들은 캐럽 시럽을 병에 담아 파는데, 마치 우리 시골 장터에서 집집마다 짜낸 참기름을 병에 담아 내다 파는 듯한 풍경이다.

09

유럽을 사로잡은
마성의 **향신료**

　　　　　　　　　　　"음, 후추를 너무 많이 넣었는걸."

요리학교 시절 가장 많이 들었던 지적이다. 평소 하던 식으로 통
후추를 무심코 갈아넣는 버릇 때문이었다. 당시 내 미각으로는
후추를 '적당히' 친다는 말의 의미를 도무지 알 수 없었다. 평생
자극적인 음식을 먹어온 탓일까. 조금 넣든 많이 넣든 별 차이가
느껴지지 않았다. 한두 번도 아니고 여러 차례 같은 지적을 받으
니 한동안 후추를 보기만 해도 식은땀이 나는 바람에 손대기가 꺼

려졌다.

후추 맛이 어렴풋하게나마 느껴지기 시작한 건 그로부터 꽤 시간이 지난 후였다. 자극적인 음식을 멀리하고 덜 자극적인 음식만 먹다 보니 재료의 맛을 더 민감하게 감지할 수 있었다. 후추 공포증이 사라진 건 아마도 그때부터였을 것이다.

후추는 서양 요리에서 빠지지 않는 대표적인 향신료 중 하나다. 『옥스퍼드 사전』에 따르면 향신료는 여러 가지 강한 풍미와 향기가 나는 식물성 물질로 열대성 식물에서 주로 얻으며 양념에 사용한다. 우리가 잘 아는 후추를 비롯해 정향, 육두구, 메이스, 생강, 시나몬, 아니스 등이 향신료에 속한다.

간혹 허브와 향신료를 혼동하기도 하는데 둘은 다르다. 바질이나 로즈메리, 타임, 민트 등으로 대표되는 허브는 주로 식물의 잎에서 얻는 반면, 향신료는 뿌리나 꽃, 줄기 등에서 얻는다는 차이가 있다. 적당히 따뜻한 지역에서도 잘 자라는 허브와 달리 향신료는 주로 무더운 열대 지역이 원산지다. 향신료가 독특한 향과 맛을 갖게 된 이유도 이런 환경과 연관 있다. 기온이 높고 습한 열대 지역은 병원균이나 해충, 박테리아 등이 번식하기 쉬운 환경이다. 이들로부터 스스로를 보호하기 위해 만들어낸 화학물질이 바로 향신료에서 나는 독특한 아로마의 정체다. 항균 성분이 있어 음식에 사용하면 인체에 해로운 박테리아의 서식을 억제해주는 역할도 한다. 동남아시아나 인도 등 무더운 지역에서 음식에 향신료를 듬뿍 넣는 것도 이 때문이다.

천국의 향기,
향신료

향신료는 고대 그리스와 이집트의 유물 및 기록에 등장했을 만큼 오랜 시간 인류와 함께해왔다. 유럽에서 향신료를 적극적으로 소비한 데는 지중해를 낀 대제국을 건설한 로마의 영향이 컸다. 당시 후추를 포함한 대부분의 향신료는 인도에서 지중해까지 육로를 통해 거래됐다. 먼 길을 거쳐 왔으니 값이 비싼 건 당연했다. 로마의 상류층은 재산을 털어서라도 향신료를 구하려 했다. 향신료를 얼마나 많이 소유하고 있느냐가 그 사람의 지위를 말해주는 척도였기 때문이다. 그들은 부와 권력을 과시하기 위해 비싼 향신료를 요리에도 적극 활용했다. 로마의 식도락가 아키피우스가 남긴 저작은 당시 향신료가 음식에 어떻게 다양하게 사용되는지를 엿보게 해주는 귀중한 사료다. 지금도 마찬가지지만 상류층 문화는 아래로 빠르게 번져나갔다. 상류사회를 동경하던 중산층도 너 나 할 것 없이 향신료를 구하는 데 여념이 없었다. 검소한 로마의 도덕주의자들은 향신료에 대한 집착이 로마의 타락을 불러왔다고 지적하기도 했다. 인도에서 로마의 금화와 은화가 대량으로 발견된 것만 보아도 향신료를 구하기 위해 얼마나 많은 국부가 새어나갔는지를 알 수 있다.

로마인뿐 아니라 로마제국 변방의 민족들도 점차 향신료의 마력에 빠졌는데, 여기엔 종교적인 이유가 크게 작용했다. 로마의 국교가 된 그리스도교가 교세 확장을 위해 향신료를 적극적으로 활용했기 때문이다. 제의 때마다 각종 향신료를 섞은 향료를 태워 군중에게 마치 현실이 아닌 듯한 느낌을 주었다. 향신료가 주는 낯설고 묘한 향기는 그리스도교에서 강조하는 천국의 존재를 설명하는 데 상당한 효과를 발휘했다. 한 번도 맡아본 적 없는 정체 모를 향은 사람들로 하여금 그리스도에 대한 경외심을 갖게 했다. 낯설고 이국적인 향의 향신료는 중세까지도 유럽인들에게 동방에 대한 막연한 동경을 심어주었다. 중세의 무릉도원을 표현한 코케인Cockayne에서도 향신료에 대한 유럽인들의 열망을 엿볼 수 있다.

당시 향신료는 현실의 지루함에서 벗어나게 해주는 자극제로 인기가 높았다. 향신료의 인기는 영리한 상인들에 의해 강력한 최음제로 알려지면서 더욱 치솟았다. 이국적인 향이 주는 묘한 분위기는 중세인들의 성욕을 자극하기에 부족함이 없었다. 뿐만 아니라 일상적으로 먹던 지루한 요리에 향신료를 첨가하면 식욕이 자극되는 효과가 있었으며, 효능 좋은 약재로도 사용됐다. 독특한 향

코케인 Cockayne

중세 신화에 등장하는 상상 속 파라다이스. 코케인에서는 노동이 죄악으로 여겨지며, 아무것도 하지 않아도 저절로 음식물이 입안으로 들어온다. 산은 치즈로 만들어져 있고, 강에는 향신료 향 넘치는 와인이 흐르며, 집과 교회는 빵과 먹을거리로 만들어져 있는 등 식량이 부족했던 중세 사람들의 상상력을 엿볼 수 있다. 코케인의 집은 『헨젤과 그레텔』에 나오는 과자 집의 모티프가 되기도 했다.

으로 가득한 우리 한약방을 떠올려보면 될 것이다. 르네상스 시기 이탈리아 약학의 토대는 향신료였다. 『신곡』을 쓴 이탈리아의 대시인 단테의 직업도 향신료를 이용해 사람들을 치료하는, 우리로 치면 한의사 겸 약제사였다.

향신료를 향한 욕망의 항해

15세기까지 유럽의 중심은 지중해였다. 유럽 경제에서 동방과의 무역이 차지하는 비중은 상당했

는데, 대부분 지중해를 통한 무역이었다. 이탈리아 동쪽에 위치한 베네치아가 고대부터 향신료 무역 기지로 번영할 수 있었던 건 지리적 이점 덕분이었다. 동방의 무역품은 지금의 터키 지역인 발칸반도까지 육로로 수송됐고, 여기서 배를 통해 베네치아에 보내진 뒤 다시 육로와 해로를 거쳐 유럽 전역으로 뻗어나갔다. 수백 년 동안 베네치아가 중간에서 얻은 이익은 막대했다. 향신료는 주로 인도에서 아라비아를 경유해 베네치아에 수입됐는데, 이때 가격은 산지 가격의 무려 10배를 웃돌았다.

지중해를 중심으로 한 동서양의 무역 질서는 15세기 말에 이르러 급변한다. 지중해 패권을 놓고 유럽과 대립하던 오스만제국이 마침내 지중해를 장악한 것이다. 오스만제국은 서방에 대한 압박의 일환으로 향신료를 비롯한 여러 무역을 통제했다. 동쪽에서 향신료를 구하기가 어려워지자 베네치아 상인들은 그렇잖아도 비싼 향신료 값을 더 높게 불렀다. 유럽인들에게 향신료는 이미 단순한 조미료 이상이었다. 치솟는 향신료 값을 감당하지 못한 유럽의 여러 나라는 인도와 직접 무역을 하고자 서쪽으로 눈을 돌렸다. 유럽 경제의 무게중심이 지중해에서 대서양으로 옮겨가게 된 것이다.

오랫동안 유럽의 변방이었던 스페인과 포르투갈은 삽시간에 대서양 무역의 중심지로 떠올랐다. 이탈리아 출신 항해사 크리스토퍼 콜럼버스는 기독교를 포교하고 인도에서 막대한 양의 후추를 찾아오겠다는 약속을 한 뒤 왕실의 지원을 받아 서쪽으로의 항해를 시작했다. 그러나 그가 발견한 것은 인도가 아닌 신대륙 아메리카였다. 콜럼버스는 결국 후추를 손에 넣지 못했지만 대신 고추와 감자, 옥수수 등 남미의 여러 작물을 유럽에 들여옴으로써 의도치 않게 유럽 음식사에 한 획을 그었다.

인도에 맨 먼저 다다르는 영광을 차지한 사람은 포르투갈의 항해사 바스쿠 다가마였다. 그는 대서양 서쪽으로 향하는 대신 남쪽의 아프리카를 돌아 인도로 향하는 길을 택했다. 당시에 그것은 목숨을 담보로 한 위험천만한 일이었다. 다가마를 후원한 포르투갈 왕실과 상인들은 그가 인도에서 가져온 향신료로 무려 60배가 넘는 이윤을 남겼다. 돌아오는 길에 많은 생명이 희생됐지만, 큰 이윤을 남길 수 있는 장사였다. 다가마의 성공이 유럽 전역에 알려지자 너도 나도 바다로 향하는 이른바 '대항해 시대'가 열렸다.

인도 항로를 가장 먼저 개척한 포르투갈은 무력을 앞세워 인도에 향신료 무역을 위한 괴뢰정부를 세웠다. 이는 훗날 영국과 네덜란드가 아시아를 본격적으로 수탈하는 데 있어 전진기지 역할을 했던 동인도회사를 설립하는 기반이 됐다. 이로써 유럽이 본격적으로 아시아를 수탈할 기반이 마련됐다. 향신료에 대한 욕망은 유럽 대륙이 더 넓은 세계와 만나도록 하는 촉매제 역할을 했고, 결국 유럽이 세계의 주도권을 장악할 수 있도록 하는 원동력이 됐다.

유럽이 아시아에서 벌어들인 부로 번영을 일구는 사이, 인도와 인도네시아 원주민들은 열악한 환경 속에서 향신료를 구하는 일에 동원돼 착취를 당했다. 유럽에서 비싼 값에 팔리는 향신료였지만 그들에게 허락된 몫은 그리 많지 않았다. 네덜란드는 유럽의 정향 가격이 떨어지는 걸 막기 위해 인도네시아에서 수만 그루의 정향나무를 태워 없애는 만행을 저지르기도 했다. 유럽에서 천국을 상징했던 향신료가 이처럼 원산지를 처참한 지옥으로 만들었다는 건 역사의 지독한 아이러니다.

향신료는 어떻게
음식의 맛을 끌어올릴까

서양 음식이 새롭게 다가오는 이유는 아마 우리에게 익숙하지 않은 맛과 향, 즉 향신료 때문일 것이다. 향신료는 재료 자체의 맛을 직접적으로 변화시키지는 않지만 음식에 독특한 향을 입힌다. 고기를 구워 먹을 때를 떠올려보자. 구운 고기는 처음엔 맛있을지 몰라도 계속 먹다 보면 질리기 마련이다. 이때 고기에 후추를 뿌리면 알싸하고 매콤한맛이 한 겹 더해지면서 단조로운 고기 맛이 한층 더 복잡해진다. 입안에서 느껴지는 맛이 입체적일수록 맛의 실체를 확인하고자 무의식적으로 구미가 계속 당기게 된다. 즉, 향신료를 쓰면 음식의 풍미가 좋아질 뿐 아니라 더 오래 더 많은 음식을 먹을 수 있게 되는 것이다.

향신료는 고기뿐 아니라 수프 같은 국물 요리부터 제빵, 와인 주조에 이르기까지 거의 모든 영역에 사용된다. 감자 퓌레를 만들 때 맛이 밋밋해지는 것을 피하려면 육두구와 후추를 적당히 넣어주는 게 좋다. 사과와 시나몬의 조합은 빵이나 쿠키, 차를 만들 때 널리 응용된다.

향신료마다 어울리는 음식이 있긴 하지만 정답은 없다. 기호에 따라 향신료를 첨가할 때도 있고, 특정 향신료의 향과 맛이 곧 그 음식의 정체성이 될 때도 있다. 겨울철 독일이나 북유럽 등지에서 사랑받는 뱅쇼나 글뤼바인처럼 따뜻하게 마시는 와인에는 시나몬과 정향이 중요한 재료로 쓰인다.

대부분의 서양 요리에서 향신료는 음식의 풍미를 다층적으로 만들어주는 역할을 한다. 향신료 자체가 주재료인 인도나 동남아 요리라면 모를까, 지나치게 많이 사용하는 건 오히려 음식의 맛을 해치는 결과를 낳을 수 있다. 특히 육두구에는 독성이 있어 과도하게 사용하면 건강에 해로우니 조심해야 한다.

향신료와 와인의 만남, 멀드 와인

정향과 시나몬, 설탕 등을 레드와인에 넣고 끓여낸 칵테일의 일종이다. 영어로는 멀드 와인Mulled wine이라고 하고 독일어로는 글뤼바인Glühwein, 프랑스어는 뱅쇼Vin chaud, 북유럽에서는 글뢰그Glögg라고 부르는데 이름만 다를 뿐 사실상 같은 음료를 말한다. 와인에 영양 성분이 많기도 하지만 향신료가 주는 특유의 풍미와 약효가 더해져 겨울철 감기를 예방하는 음료로 인기가 높다. 와인을 끓였다고는 하나, 알코올이 남아 있다. 지역과 기호에 따라 보드카나 브랜디 등 증류주를 첨가하기도 하며 끓일 때 오렌지나 레몬 등 시트러스 계열의 과일을 추가하기도 한다.

10

보케리아 시장에서
찾은 맛의 비결

전설적인 보케리아 시장

스페인 바르셀로나를 찾은 목적은 단 하나였다. 1990년대 이른바 분자요리라는 새로운 패러다임을 열어 스페인을 단번에 세계 미식의 중심지로 만든 페란 아드리아 셰프가 아침마다 직접 장을 봤다는 보케리아 시장Mercat de la Boqueria을 보기 위해서였다. 가우디의 아름다운 건축물들이 있는 도시이자 스페인 축구의 자존심이라 할 수 있는 바르셀로나에서

고작 시장 구경이냐고 생각할 수 있지만 이곳엔 여느 시장과는 다른 특별한 무언가가 있다.

어떤 지역의 식문화를 가장 빠르게 이해하는 방법 중 하나는 시장에 가보는 것이다. 무엇이 나고 자라며, 무엇을 먹는지 한눈에 파악하기에 시장만큼 좋은 곳은 없다. 보케리아 시장은 무려 800년의 역사를 품고 있다. 1217년 구도심 입구 근처에서 몇몇 상인이 좌판을 깔고 양이나 염소, 돼지 등 도축된 고기를 팔기 시작한 것이 시초다. 도시가 발전함에 따라 고기에서 과일, 생선 등 취급하는 물품도 다양해지면서 규모가 커졌다. 19세기 중반 이뤄진 대대적인 도시계획에 의해 지금 있는 람블라 거리 인근에 지어진 현대식 구조물로 시장이 통째로 이전됐다. 그동안 보르네트 Bornet, 파야Palla 등 여러 이름으로 불리다가 이전하면서 보케리아 시장으로 명칭이 굳어졌다. '보케리아 시장에서 못 구하면 스페인 어디서도 구할 수 없다'는 말이 있을 정도로 이곳은 온갖 식재료를 판매하는 스페인 최대의 식료품 시장이다. 정육부터 가공육, 해산물과 치즈, 와인, 과일, 디저트, 빵 등을 파는 소규모 점포들이 들어서 있는데, 없는 게 뭔지를 찾는 게 더 빠를 지경이다.

다채로운 물건을 구경하는 재미도 있지만, 시장의 진정한 재미는 역시 먹는 데 있다. 시장에서 바로 공수한 신선한 식재료를 사용해 즉석에서 볶거나 구워 간단한 요리를 만드는 이곳의 작은 식당들은 언제나 손님들로 붐빈다. 겉보기에 우리 재래시장에서 흔히 볼 수 있는 간이식당쯤이겠거니 하고 무시해선 곤란하다. 이들 중 몇몇은 고급 레스토랑에서나 사용할 최신식 주방 설비와 인력을 제대로 갖추고 미슐랭 식당 못지않은 훌륭한 음식을 내기도 한다.

보케리아의 전설, 피노초 바

보케리아 시장 안의 여러 식당 중에서도 가장 유명한 곳은 피노초 바Pinotxo Bar다. 이곳이 유명세를 탄 이유는 식당 주인이자 마스코트인 후아니토 바옌 때문이다. 올해 여든 살이 넘은 바옌은 적어도 보케리아 시장 안에선 FC 바르셀로나의 리오넬 메시에 버금갈 인지도를 자랑하는 인물이다. 무려 75년간 한곳에서 자리를 지킨 그는 보케리아의 터줏대감이자 살아 있는 전설이다. 매일 새벽 4시에 일어나 아침 6시 정각에 칼같이 가게 문을 여는 그는 '아침을 여는 성자聖者'라고도 불린다. 이른 시간에 배를 든든히 채울 수 있는 유일한 곳이었기에 하루를 일찍 시작하는 이들에게 피노초 바는 성지와도 같다고 해서 붙은 별명이다. 팔순이 넘은 나이에도 여전히 변함없이 시장을 지키는 그를 보노라면 경외감마저 든다.

유명세 때문인지 지나가는 사람마다 인사를 하는 통에 바옌은 인사 하랴, 주문 받으랴, 음식 나르랴 바빴다. 그러면서도 손님들과 눈을 마주칠 때마다 엄지를 치켜세우며 환한 미소를 지어 보이는 일만큼은 잊지 않았다. 단골이던 페란 아드리아는 "그는 진정한 미식이란 단지 음식을 넘어 기쁨과 친밀감, 애정을 함께 느낄수 있도록 하는 것임을 가르쳐주었다"며 그를 스승으로 추켜세우기도 했다. 따뜻한 정, 사람의 향기가 느껴지는 한 끼의 식사 경험, 그것이 피노초 바를 돋보이게 하는 요소이자 바옌의 매력이다.

붐비는 사람들 틈에서 겨우 자리를 잡고 앉았다면 선택은 두 가지다. 고기냐, 생선이냐. 사실 메뉴가 있긴 하나 스페인 요리를 잘아는 사람이 아니라면 메뉴를 봐도 막막할 것이다. 육류와 해산물 중 하나를 선택하면 알아서 요리를 갖다주는데, 외국인 입장에서는 편하기도 할뿐더러 무엇이 나올지 은근히 기대를 품게 하는 재미가 있다. 옆 테이블에 올라온 싱싱한 생선을 막 보고 자리에 앉은 터라 나도 주저 없이 해산물을 주문했다. 환한 미소와 함께 바옌이 가져다준 요리는 알루비아스 콘 칼라마르시토^{Alubias con} ^{calamarcito}. 익힌 강낭콩을 꼴뚜기와 함께 오일에 볶아낸 요리다. 콩의 구수한 맛과 진득한 질감이 짭조름한 꼴뚜기의 바다 내음과 입안에서 함께 어우러지는 것이 꽤 맛있다. 여기에 곁들여진 약간의 비니거 소스의 산미가 자칫 지루해질 뻔한 맛을 균형 있게 마무리

알루비아스
콘 칼라마레시토

출레타

해준다. 한 접시를 비우고 추가로 구운 새우, 생굴을 시켜 먹었는데도 아쉬운 마음이 들어 출레타^{Chuleta}(잘라져 나온 스페인식 스테이크)를 주문했다. 어떤 메뉴를 시켜도 맛이 훌륭했다. 식재료의 신선도와 활기찬 시장 분위기도 한몫했겠지만, 무엇보다 완벽하다 할 '간'이 인상적이었다.

음식의 맛을 결정짓는
소금

요리에서 가장 중요한 요소는 소금이다. 소금은 인류가 자연에서 처음 발견한 가장 원초적인 조미료다. 페란 아드리아는 소금을 "요리를 변화시키는 단 하나의 물질"이라고 했다. 요리의 성패를 좌우하는 데는 맛의 조화, 향 등 여러 요소가 있겠지만 가장 기본적인 것은 간이다. 소금은 단지 짠맛만을 내는 게 아니라 재료를 화학적으로 변화시키는 역할을 한다. 불쾌한 맛과 향을 줄이기도 하고, 식재료가 원래 가지고 있는 맛과 향을 더 선명하게 만들기도 한다.

어떤 요리가 '맛있다'는 건, 우선 간이 잘 맞춰졌다는 의미다. 간이 맞는다는 건 재료의 맛과 염도가 적절히 어우러져 조화를 이루었다는 의미다. 요리학교에서 실습할 때나 주방에서 일할 때나 세

프는 항상 입버릇처럼 말했다. "소금은 넣었어?" 들을 때는 잔소리 같았지만, 가장 중요한 점이었기에 늘 강조하고 있었던 것이다.

사람마다 선호하는 간의 세기는 다를 수 있지만 어떤 재료의 맛을 최대한으로 이끌어내는 염도에는 기준이 있다. 이는 재료의 맛에 더 신경을 씀으로써 이해할 수 있다. 익힌 감자를 썰거나 혹은 달걀 프라이에 소금의 양을 세 단계로 뿌려보면 각각의 음식이 가장 맛있게 느껴지는 양을 찾을 수 있을 것이다. 각 재료의 맛이 살아나는 지점을 정확히 맞추는 것이 요리의 기본이며, 요리사의 실력을 가늠하는 척도다. 간을 잘 맞춘다는 건 식재료가 가진 특성, 즉 음식이 가장 맛있어지는 최적의 염도를 이해하고 있다는 의미이기도 하다. 분명 레시피대로 했는데 결과물의 맛이 시원찮은 이유는 조리 상황에 맞게 제대로 간을 하지 않아서다. 음식을 만들면서 계속 맛을 보고 간을 조금씩 맞춰가면, 초보자도 맛있는 요리를 만들 수 있다.

보케리아 식당들의 주방을 면밀히 살펴봤다. 그들은 소금을 쓰는 데 거침없었다. 싱싱한 해산물을 철판에 볶아 거대한 접시에 담고는 그래도 되나 싶을 만큼 굵은소금을 펑펑 뿌려댔다. 무심한 듯 보여도 막상 맛을 보면 재료와 짠맛의 조화가 놀랍다. 식재료와 소금의 만남, 그 완벽한 지점을 찾아내는 건 온전히 시간과 노력의 산물이다.

엘불리와 페란 아드리아, 그리고 분자요리

스페인 카탈루냐주 작은 해변에 위치한 레스토랑 엘불리 elBulli는 1990년대부터 세계 최고의 레스토랑으로 이름난 곳이다. 연중 절반만 문을 열고, 하루 50명의 손님만 받는 이곳이 유명해진 이유는 '천재 요리사'란 호칭과 더불어 '분자요리의 아버지'로 불리는 페란 아드리아가 셰프로 활약한 주 무대였기 때문이다. 1986년부터 25년간 엘불리 주방을 지휘한 아드리아는 요리의 패러다임을 완전히 뒤바꿔놓았고 세계 미식가들의 시선을 스페인으로 집중시켰다. 분자요리의 창시자로 추앙받지만, 그가 분자요리를 창조한 것은 아니다. 분자요리의 개념은 1988년 프랑스의 화학자 에르베 티스와 헝가리의 물리학자 니콜라스 쿠르티가 요리의 물리·화학적 측면에 대한 국제 워크숍을 준비하던 중 '분자 물리 요리학Molecular and physical gastronomy'이란 개념이 탄생했다. 식재료의 질감이나 조직을 물리적·화학적 방법으로 분석해 성질이 전혀 다른 재료들의 조합으로 새로운 맛을 만들어내거나, 물성과 형태를 변화시키는 것이다. 분자요리의 개념이 알려진 이후 다양한 방법이 고안됐는데, 아드리아는 분자요리 테크닉을 이해하고 거기에 자신만의 철학을 녹인 완성도 높은 요리를 만들어낸 인물로 평가받는다. 그가 25년간 엘불리에서 만든 레시피만 해도 1846가지에 달한다. 엘불리는 2011년 7월 30일 문을 닫았으며 아드리아는 2013년 엘불리 재단을 설립해 연구와 후학 양성에 힘쓰고 있다.

11.

눈으로 마시는
사과주 **시드라**

스페인 북부의 식문화를 이야기
할 때 빠지지 않는 것이 있다. 바로 사과를 발효시켜 만든 사과주
시드라^{Sidra}다. 사과로 웬 술을 만드느냐는 의문이 들 수 있지만 포
도로도 만드는 데 사과라고 못 만들 건 없지 않은가. 이런 생각을
과거 로마인도 했다고 한다.

　로마인들이 당시 갈리아 서쪽 지역, 그러니까 오늘날 프랑스 노
르망디 지역과 그 인근 스페인 바스크 지역을 정복했을 때다. 와인

을 좋아하기로 둘째가라면 서러울 로마인들은 와인을 만들기 위해 정복지마다 포도나무를 심었다. 그러나 안타깝게도 이 지역은 포도를 재배하기엔 기후가 썩 좋지 않았다. 대신 쉽게 구할 수 있는 사과를 포도 대신 발효시켜 와인을 만들어본 것이 사과주의 시초가 됐다는 게 한 가지 설이다.

다른 이야기도 있다. 로마인이 발을 들이기 전부터 그 땅에 머물던 켈트족이 사과로 술을 만드는 기술을 보유하고 있었다는 설이다. 켈트족 설화를 살펴보면 사과와 관련된 이야기가 많아 전혀 신빙성 없는 것은 아니지만, 와인을 사랑한 로마인의 이야기와 마찬가지로 근거가 될 만한 기록이 남아 있지는 않다. 바스크와 아스투리아스를 포함한 스페인 북부의 풍부한 사과는 꽤 오래전부터 언급되어왔다. 이베리아반도에서 현존하는 가장 오래된 기록물인 8세기경 아스투리아스 왕국의 문서 '에고 파킬로Ego Fakilo'를 살펴보면 사과 수확에 대한 이야기와 함께 '과수원'이 언급된다. 당시 과수원은 과일로 음료를 만드는 곳이었다. 그리고 11세기에 이르러 사과로 만든 술, 시드라가 문헌에 등장하기 시작한다. 바스크 지방 해안 출신의 선원들이 지중해 항로를 따라 이 '발효된 사과주스'를 수출했다고도 하며, 수도원에서 사과주를 생산했다는 기록이 남아 있다. 중세 시대 수도원은 과수원을 소유하고 와인을 비롯한 과실주 생산을 담당하기도 했다.

다양한 사과주의 세계

오늘날 유럽에서 사과주를 주로 소비하는 곳은 프랑스와 영국이다. 시드르Cidre로 불리는 프랑스의 사과주는 프랑스 내에서 와인 다음으로 많이 소비되는 술이다. 사과즙에 레몬이나 딸기유 등 다른 과일 혹은 기타 첨가물을 넣어 다양한 맛과 향을 내기도 한다. 고품질의 시드르는 고급 레스토랑 식전주 메뉴에도 올라 있다. 특히 시드르를 증류해서 만든 '칼바도스Calvados'는 와인을 증류한 코냑과 함께 프랑스를 대표하는 증류주다. 영국은 세계에서 1인당 사과주 소비량이 가장 많은 국가다. 사과주로 유명한 잉글랜드 남부 지역에는 중세 시대부터 사과주를 생산, 수출했다는 기록도 남아 있다. 독일의 사과주로는 프랑크푸르트산 압펠바인Apfelwein이 대표적이며 포르투갈, 캐나다, 호주, 그리고 덴마크를 중심으로 한 북유럽에서도 다양한 방식의 사과주가 만들어진다. 사과주를 와인을 담던 통에서 숙성시켜 사과주의 풍미를 내면서 포도의 향과 색깔도 함께 담고 있는 시드로Sirdro는 이탈리아에서 독특한 와인으로 대접받는다.

스페인은 이웃 나라 프랑스나 영국에 비해 주류 시장에서 사과주 비중이 그리 높지 않다. 사과주로 유명한 곳은 바스크와 아스투리아스다. 스페인에서 품질 좋은 사과가 많이 나는 곳이기도 하며 현재까지 전통 방식을 고수해 사과주를 생산하는 지역이다. 전통

방식의 사과주는 정제를 하지 않아 색깔이 뿌옇고 풍미가 강한 게 특징이다.

사과주를 만드는 전통적인 방식은 와인 주조법과 유사하다. 10월경 수확한 사과를 절구통에 넣고 방망이로 찧은 다음 나무틀에 넣고 즙을 짜낸다. 그 즙을 나무통에 넣고 5~6개월간 발효시키면 사과주가 완성된다. 여기에 설탕을 더 첨가해 당도와 탄산 함유

량을 높이기도 하는데, '시드라 나투랄Sidra natural'이라고 하면 설탕을 첨가하지 않고 오로지 순수한 사과즙으로만 만든 것을 의미한다. 이렇게 만든 시드라의 알코올 도수는 4~6도쯤 된다. 사과는 포도보다 당분 함량이 더 적어 알코올화되는 정도가 크지 않기 때문이다. 사과주를 떠올리면 달 것 같지만 생각보다 단맛이 강하진 않고 시큼한 편이다. 사과 특유의 산미와 더불어 막걸리와 유사한 발효 내음을 낸다.

눈으로 마시는 시드라

스페인에서 시드라를 마시는 방법은 꽤 독특하다. 곡예를 하듯 따르는 것이 정석인데, 그 모습이 꽤 재미있다. 병을 든 손을 머리 위로 쭉 뻗고, 잔을 든 다른 한 손은 아래로 쭉 뻗는다. 그 상태 그대로 병만 기울여 잔에 시드라를 따라낸다. 진기한 장면이지만 한편으로는 의문이 든다. 왜 이렇게 따라야 할까. 일종의 디캔팅Decanting 과정이다. 디캔팅이란 오래 숙성된 와인을 인위적으로 산소와 접촉시켜 본래의 향과 맛을 최대한으로 이끌어내는 것을 말한다. 산도가 강한 시드라를 공기 중에 노출시켜 신맛을 중화하면서 동시에 낙차를 통해 강한 탄산기를 누그러뜨림으로써 사과주의 거친 맛을 부드럽게 만드는 나름

의 방법인 것이다.

바스크나 아스투리아스 지방의 길거리를 지나다 보면 시드레리아Sidreria라고 이름이 붙은 간판을 쉽게 찾아볼 수 있다. 시드라를 파는 곳이란 뜻도 있지만 시드라를 따라주는 전문 직원이 있다는 의미다. 심지어 공인 자격증도 있으며 해마다 시드라 따르는 명인을 뽑는 행사도 열린다. 1미터쯤 되는 높이에서 시드라를 바닥에 흘리지 않고 따르는 것은 어지간히 숙련된 이라야 할 수 있는 작업이다. 능숙하게 시드라를 따르는 이들이 있는 반면, 매상을 올리려고 일부러 바닥에 과도하게 흘리는 게 아닐까 하는 의심이 들만큼 엉망으로 따라주는 종업원도 드물잖게 볼 수 있다. 어쩌면 맛 자체보다 따라주는 광경이 시드라가 지금과 같은 명성을 얻는 데 큰 역할을 하지 않았나 하는 생각도 든다.

모든 사과주를 반드시 이런 식으로 따라 마셔야 하는 것은 아니다. 정제된 투명한 시드라를 이렇게 먹으면 오히려 맛이 반감된다. 시드라는 화이트와인에 비하면 산미가 강하지만, 알코올 도수가 낮을 뿐만 아니라 가격도 저렴하다. 탄산이 부담스러운 맥주와 비교해봐도 사과주는 매력적인 선택지다. 산뜻한 산미와 발효된 과일의 풍미가 식욕을 북돋는 식전주 역할을 할 뿐 아니라 육류, 생선을 가리지 않고 메인 요리에도 어울리며, 소화를 돕는 식후주 역할까지 무리 없이 해낸다. 몇몇 고급 레스토랑에서 페어링에 사과주를 포함시키는 것은 이 같은 이유에서다. 와인보다는 취할 부담이 덜하지만 그래도 맥주만큼의 알코올 도수가 있으니 무턱대고 마시진 말길.

아스투리아스

오늘날 스페인 자치주이자 이베리아반도 역사상 최초의 가톨릭 왕조 이름이기도 한 아스투리아스Asturias는 스페인에서 가장 오래된 역사를 자랑한다. 아스투리아스 왕국은 한국의 고조선처럼 포르투갈과 스페인 왕국의 시초로 여겨진다. 기원전 2세기경 로마인이 이베리아반도를 점령하기 전까지 이곳엔 켈트족과 이베리아족 등 크고 작은 민족이 부족사회를 형성하고 있었다. 점령자인 로마인들은 이곳을 히스파니아Hispania로 부르며 로마식으로 지배하기 시작했다. 로마가 쇠퇴하던 시기인 5세기경 서고트족과 수에비족, 반달족 등 위세를 떨치던 게르만족들이 이베리아반도로 넘어오기 시작했는데, 이중 서고트 왕국이 세력을 과시하며 빠르게 이베리아반도 대부분을 차지하기 시작했다. 서고트 왕국의 지배는 약 3세기간 지속되다가 8세기경 북아프리카의 이슬람 세력인 무어인들의 침공으로 인해 막을 내린다. 서고트족의 일부는 스페인 북부 산악지대로 쫓겨나 겨우 그 명맥을 유지했다. 가톨릭 신자이자 서고트 왕국의 장군 출신이던 펠라요가 722년 코바동가 전투에서 이슬람 세력을 격퇴한 것을 계기로 그곳에 가톨릭을 기반으로 한 아스투리아스 왕국이 세워진다. 이후 800년 동안 가톨릭 세력은 이슬람 세력에 대항해 국토회복운동(레콩키스타)을 벌인다. 아스투리아스 왕국은 레온, 카스티야, 갈리시아 왕국 등으로 분화됐고 갈리시아 왕국의 일부는 포르투갈 왕국이, 카스티야-레온 왕국은 스페인 왕국의 전신이 되었다.

12.

산세바스티안에서
셰프의 자질을 묻다

스페인 미식 수도
산세바스티안

       요리사들의 천국이자 스페인 미식 수도로 불리는 산세바스티안. 작은 바닷가 도시에 과분한 수식어가 아닐까 싶지만 이곳은 스페인에서 단위 면적당 미슐랭 별이 가장 많은 지역으로 유명하다. 바스크어로 도노스티아^{Donostia}로도 불리는 이곳은 해안에서부터 계곡까지 폭넓은 자연환경을 지녀

식재료의 종류와 요리법이 매우 다양하다.

산세바스티안은 바스크식 타파스라 할 수 있는 '핀초^{Pincho}'의 본고장이기도 하다. 빵 위에 음식을 올린 모양새만 보면 타파스와 무슨 차이가 있나 싶지만 '못(핀초)'이란 이름에 걸맞게 이쑤시개나 나무 꼬챙이로 빵과 재료를 고정시켰다는 점이 다르다. 덕분에 덩어리가 큰 재료도 빵 위에 올릴 수 있어 다양한 변주가 가능하다. 핑거 푸드라고는 하지만 손으로 집어 간편하게 먹기엔 크기가 꽤 커서 서너 점만 먹어도 한 끼 식사가 된다.

스페인에서 타파스는 단순한 요리 이상의 의미를 지닌다. 낮에 각기 다른 생업에 종사하던 사람들은 저녁이 되면 근처 바에 하나둘 모여든다. 바는 동네 사람들이 편하게 모여 먹고 떠드는 일종의 사랑방이다. 따라서 이 자리 저 자리 돌아다니며 이야기를 나누는 데는 앉아서 먹는 요리보다 서서 간편하게 손으로 집어먹을 수 있는 타파스가 훨씬 더 적합했다. 바를 여기저기 옮겨다니며 술과 안주를 즐기는 스페인만의 독특한 문화는 여기서 비롯된 것이다. 해질녘 골목엔 인적이 드물지만 유독 핀초 바에만 사람이 북적거린다. 마치 동네 사람이 모두 바에 모여든 듯이. 골목골목에 숨어 있는 바에 들르며 색다른 맛의 핀초를 즐기는 '핀초 순례'는 산세바스티안을 방문한 사람이라면 꼭 해야 하는 경험 중 하나다.

남성 전용 요리 클럽

초코

산세바스티안에는 '초코Txoko'라는 독특한 모임이 있다. 귀여운 이름과는 달리 최근까지 남성들만 참여할 수 있었던 마초적인 미식 모임이다. 무려 100여 년의 역사를 보유한 이 모임은 사교를 목적으로 탄생했다. 친구들끼리 한 공간을 빌려 노래하고 먹고 마시자고 한 것이 그 출발이다. 1930년대 프랑코 독재 정부가 표준어인 카스티야어 외의 언어 사용을 법적으로 금지하자 초코는 일종의 비밀 모임으로 바뀌었다. 독자적인 언어를 쓰던 바스크인들이었기에 특히 탄압이 심했는데, 정부의 감시를 피해 바스크어를 마음껏 할 수 있었던 공간이 바로 초코였다. 주로 지하실에서 모임이 이뤄졌기에 가능한 일이었다. 정치적인 언급을 하지 않는 것이 규칙이었지만 바스크어로 마음껏 노래를 부르며 민족의 울분을 푸는 곳이 되자 바스크 전역에서 초코 모임이 우후죽순처럼 생겨나기 시작했다.

과거에는 오직 남성들만 입회가 가능했는데 그 이유가 재미있다. 전통적으로 모계 중심 사회였던 바스크 지방에서 남성들이 집을 벗어나기 위한 하나의 방편으로 초코를 활용한 것이다. 여성을 피해 남자들끼리 모여 진한 우정을 다지는 곳으로 출발했기에 여성은 애초부터 가입이 금지되었다. 최근에 들어서야 여성도 참여할 수 있게 되긴 했지만 몇몇 엄격한 규칙을 보유한 초코는 아직까지도 남성으로만 구성돼 있다고 한다.

초코의 회원들은 매달 일정액을 회비로 낸다. 그 자금으로 공동 주방을 운영하기도 하고 공간을 대여해 파티를 열기도 한다. 새로 개발한 메뉴나 식자재에 대해 서로 이야기를 나누기도 하고 최신 유행하는 조리법에 대한 정보도 교환한다. 흥미로운 점은 이 모임을 통해 사라질 뻔한 바스크 지방의 많은 전통 요리가 복원됐다는 것이다. 초코는 집안에 내려오는 전통 레시피를 공유하기도 하고 오래된 요리책을 함께 공부하면서 결과적으로 바스크 지역 요리의 다양성과 수준을 높이는 데 큰 기여를 했다. 먹고 마시는 일도 진지해지면 이렇게나 중요한 일이 되니, 한국으로의 도입이 시급할 따름이다.

산세바스티안에서
셰프의 자질을 묻다

수많은 별이 가득한 산세바스티안에서 고작 미슐랭 별 하나인 레스토랑 코코차^{Kokotxa}에 관심이 끌렸던 건 메뉴에 한식이 차용됐다는 이유에서다. 워낙 유명한 레스토랑이 많은 동네라 평이 괜찮은 곳들의 메뉴를 살펴보던 중 우연히 '김치'가 눈에 들어왔다. 아니나 다를까, 스태프 중 한국인이 한 명 있었다. 바스크 스타일에 한국적인 요소가 어떻게 어우러졌는지 호기심이 들어 저녁 식사를 예약했다.

바스크 지방에서도 산세바스티안이 속한 기푸스코아주 요리는 근해에서 잡히는 해산물을 주로 사용한다. 신선한 해산물을 바탕으로 올리브유와 채소, 고추, 마늘 등을 아낌없이 쓰는 것이 특징이다. 1970~1980년대 바스크의 요리사들은 프랑스 '누벨 퀴진'의 영향을 직접적으로 받았다. 그들은 프랑스 요리의 기법을 적극적으로 이용해 바스크 전통에 기반한 '바스크 누벨 퀴진'이라는 스타일을 새롭게 만들어내기 시작했다. 그 대표 주자가 미슐랭 별 세 개 레스토랑인 아르사크Arzak의 후안 마리 아르사크 셰프. 산세바스티안을 별이 가득한 미식의 도시로 만든 주역이기도 하다.

바스크 지역의 어느 요리사가 그렇듯 코코차의 다니엘 로페스 셰프도 아르사크의 영향을 받았다. 1974년생으로 비교적 젊은 축에 드는 이 셰프가 미식의 도시에서 주목받는 이유는 끊임없는 '개발과 혁신' 때문이다.

개발과 혁신. 말은 그럴듯하지만 실제 주방에서 이를 구현하기란 결코 쉽지 않다. 경험과 이해, 끊임없는 공부가 뒷받침되지 않으면 불가능하기 때문이다. 무엇보다 스태프들과의 호흡이 중요하다. 셰프가 새로운 메뉴를 자주 개발한다 해도 스태프들이 이를

이해하지 못하거나 따라가지 못하면 주방의 피로도만 높이며 요리의 완성도는 현저히 떨어진다.

그러나 이곳에서의 식사는 무척 훌륭했다. 김치와 코코넛 밀크의 조화, 간장 소스를 이용한 이베리코 안심 스테이크, 고추장을 여기저기서 맛의 포인트로 활용한 점이 인상 깊었다. 메뉴의 맛이 어땠다는 감상은 뒤로하겠다. 코코차에서 가장 큰 감명을 주는 요소는 셰프의 됨됨이였다. 식사를 마친 후 이곳에서 일하는 한국인 요리사와 바에서 맥주를 한잔하며 대화를 나눴다. 김치나 고추장, 간장 같은 한식의 요소들이 어떻게 메뉴에 오르게 됐는지 그 이유를 물었다.

로페스 셰프는 다국적 스태프들이 만든 스태프 밀(직원용 음식)에서 아이디어를 얻는다. 괜찮은 요소를 발견하면 그때그때 조리법과 특징 등을 정리해 메뉴 개발에 적극적으로 활용하는 식이다. 단지 '이거 좋네. 한번 해볼까' 하는 식의 접근이 아니라 수많은 실험과 변주를 통해 맛과 콘셉트를 만들어낸다. 스태프들과 끊임없이 대화하며 적극적인 참여를 이끌어내고 직원들의 아이디어와 자신의 스타일을 접목시켜 최종 결과물로 탄생시킨다. 직원들이 단지 이곳에서 셰프의 일을 '해준다'거나 '배운다'고 여기지 않고 '함께 만들어간다'고 생각하게 하는 것이다.

그는 자신을 전면에 드러내지 않는다. 레스토랑을 소개하는 홈

페이지 어디에도 셰프 본인에 대한 이야기는 없다. 경력이 짧은 셰프라도 장황하게 프로필을 적어놓는 곳들과는 확연히 다르다. 스태프 소개 코너에도 'Not just me, we're a little all'이라며 셰프 본인의 이름조차 적어놓지 않았다. 많은 젊은 셰프가 매스컴에 취해 주방은 뒷전으로 하고 '셰프 놀이'에 여념 없는 것과 비교된다.

주방에서 요리를 하며 경험한 바를 통해 셰프라는 자리의 의미를 비로소 이해하게 됐다. 셰프란 본인의 뛰어난 실력으로 훌륭한 요리를 만드는 게 전부가 아닌 자리다. 요리를 잘하는 사람은 단지 요리사이지만, 요리사들로 이루어진 오케스트라를 지휘해 하나의 멋진 교향곡을 만드는 이는 셰프다. 스태프들과 '함께' 요리를 만들어가는 사람. 이런 사람을 우리는 셰프, 주방장이라 부른다.

13.

톨레도와 미가스의
추억

 여행과 일상의 가장 큰 차이는 불확실성의 확률이다. 익숙한 일상을 벗어나면 전혀 예상치 못한 일들이 벌어질 확률이 급격히 높아진다. 낯선 곳에서 어떤 일이 생길지 모른다는 기대와 설렘, 그로부터 얻는 뜻밖의 행복. 이것이 아마 여행하는 이유가 아닐까.

 그 일이 벌어진 것은 2016년의 마지막 날, 스페인의 고도古都 톨레도에서였다. 시내 구경을 마치고 알칸타라 다리를 향해 가던 중

고즈넉한 동네 분위기와는 어울리지 않는 장면이 눈에 들어왔다. 길가에 한 무리의 사람들이 옹기종기 모여 먹고 마시고 있는 게 아닌가. 심지어 길 위에 놓인 두 개의 냄비 안에서는 뭔가가 만들어지고 있었다. 본능적인 호기심이 작동해 냄비 앞으로 바짝 다가가 내용물을 살폈다. 초리소와 모르시야, 그리고 잘게 썬 돼지고기가 빵 부스러기 같은 것과 함께 버무려져 있었다. 음식을 파는 노점인가 싶어 옆에 있던 한 아주머니에게 한 접시에 얼마냐고 물었다. 그러자 그녀는 고개를 내저으며 돈이 필요 없다는 손짓을 하더니 이내 음식이 담긴 접시 하나를 내밀었다.

스페인 서민들의 음식
미가스

알고 보니 그곳에서는 파티가 열리고 있었다. 거기 모인 사람들은 집주인 마르코의 가족과 그의 친구들로 매년 마지막 날 이렇게 모여 함께 음식을 먹고 마시면서 한 해를 마무리한다는 것이다. 내게 음식 한 접시를 권했던 푸근한 인상의 아주머니는 톨레도 인근의 작은 도시 에스칼로니야의 여성 시장. 무려 3선 시장님께 한 접시에 얼마면 되느냐고 물어본 결례를 사과한 뒤 이 음식의 정체를 물었다. 이 요리의 이름은 미가스

Migas, 스페인을 대표하는 요리 중 하나였다.

중남부 스페인과 포르투갈에서 즐겨 먹는 미가스는 먹다 남은 빵을 이용해 빠르고 간편하게 만드는 전형적인 서민 요리다. 만드는 법은 이렇다. 넓은 팬에 올리브유를 두르고 파프리카 가루(피멘톤)를 넣어 볶은 뒤 적당량의 물을 부어준다. 거기에 초리소와 모르시야, 염장 삼겹살을 넣고 한소끔 끓인 후 빵 부스러기와 마늘을 넣고 볶아주면 미가스 만체가Migas manchegas가 완성된다. 라만차 지방 스타일의 미가스라는 뜻이다. 지역에 따라 빵 부스러기 대신 좁쌀처럼 생긴 쿠스쿠스나 밀가루를 사용하기도 하며 부재료로 시금치나 양파 등을 첨가하는 곳도 있다.

초리소와 모르시야, 염장 삼겹살은 스페인에서 중요한 요리 재료다. 스페인의 북쪽 지방에서는 이 3종을 '콤팡고'라 하여 주로 스튜를 만들 때 풍미를 불어넣는 필수 재료로 쓴다. 콤팡고를 끓이든 볶든 지지든 요리에 사용하면 매콤하면서도 구수한, 거기에 약간의 신맛이 어우러지는 독특한 스페인식 풍미가 만들어진다.

빵가루 요리, 너의 정체는

빵 부스러기를 이용한 요리는 시칠리아에서 요리를 배울 때 많이 봐온 방식이다. 스페인 남부와 시

칠리아의 공통점은? 둘 다 한때 아랍의 영향력 아래 있었다는 것이다. 빵 부스러기를 이용한 조리법은 고기 스튜에 빵을 적셔 먹는 아랍의 사리드^{Tharid}에서 변형됐다고 전해진다. 12세기경 아랍의 한 권위 있는 의사가 빵 부스러기를 기름에 볶으면 소화가 잘된다고 조언을 했다는 기록이 있다. 이를 근거로 아랍의 영향권에 있던 지역에서 빵 부스러기를 이용한 요리가 유행했으며 미가스도 이러한 아랍의 요리법에서 비롯되지 않았나 추측해볼 수 있다.

기원이야 어찌 됐든 미가스는 오랜 기간 스페인 남부 지역에서 맛볼 수 있는 전통 음식이었는데 하루아침에 전국구 음식으로 이름을 날리게 된 계기가 있었다. 때는 19세기 초, 유럽 정복을 꿈꿨던 나폴레옹의 프랑스 군대가 스페인을 침공하는 사건이 벌어진다. 당시 20만 대군을 이끌고 스페인을 침공한 프랑스군에 맞서 스페인군은 고전을 면치 못했다. 정규군이 힘을 쓰지 못하자 각지에서 민병대가 조직됐다. 민병대는 산악 지형을 활용해 프랑스군을 괴롭히며 항전에 나섰다. 이때 민병대를 '게릴라'라 불렀는데, 적과 정면에서 맞부딪치는 것이 아니라 잦은 소규모 전투로 적의 병력과 자원을 소모시키는 전략을 일컫는 '게릴라전'이란 이름이 여기서 나왔다. 민병대는 만성적인 식량 부족에 처했는데 이때 등장한 것이 미가스였다. 미가스는 조리의 간편함과 풍부한 영양으

로 인해 민병대의 주식으로 널리 애용되면서 전국적인 명성을 얻었다.

파티에 모인 사람들과 이야기를 주고받으며 꾸덕꾸덕한 미가스를 안주 삼아 와인과 시드라를 마시다 보니 어느새 다른 냄비에서 끓고 있던 돼지갈비 감자 스튜가 완성됐다. 마치 한 솥 넉넉히 끓여낸 감자탕 같은 스튜가 곁들여지니 탄수화물과 지방, 단백질, 그리고 알코올의 환상적인 마리아주Mariage가 펼쳐졌다. 애초에 이곳에 온 목적도 잊은 채 시간 가는 줄 모르고 먹고 떠드는 사이 어느덧 해는 뉘엿뉘엿 저물고 있었다.

자신의 도시에 꼭 놀러 오라며 달콤한 디저트까지 내준 소니아 시장과 유쾌한 헤수스, 영어로 훌륭한 통역을 해준 갈리시아에서 온 호세, 친절한 미소가 인상적이었던 알베르토 교수, 완벽한 미가스를 만들어주고 한국에서 같이 스페인 식당을 하자던 미겔 셰프. 잊지 못할 추억을 만들어준 그들은 떠나는 내게 손을 흔들어주었다. 내년에도 다시 오라는 말과 함께.

혹시 미가스의 맛이 궁금하다면 한 해의 마지막 날 톨레도의 알칸타라 다리에 가보시라. 따뜻한 환대와 함께 마르지 않는 와인과 시드라, 그리고 맛있는 미가스가 기다리고 있을 테니.

14

음식의 맛은
꼭 접시 위에만
있지 않아

여행을 할 때 가장 반갑지 않은 손님은 바로 비다. 매일 화창하기만 하다면 더할 나위 없겠지만 속도 모르고 내리는 비는 그러잖아도 육중한 몸과 마음을 더 무겁게 한다. 그래도 좋은 점은 있다. 평소 게으른 사람도 여행길에 나서면 왠지 부지런히 움직여야 한다는 강박을 갖게 마련이다. 이럴 때 잠깐의 휴식과 안정을 선사해주는 것이 바로 예기치 않은 비다. 발걸음은 잠시 멈추지만 생각은 좀더 나아가는 계기가 되기도 한다.

리스본에서 맞이한 둘째 날도 첫날과 마찬가지로 폭우가 쏟아졌다. 느지막이 점심을 먹기 위해 찾은 곳은 'Solar 31 da Calçada'란 이름의 작은 레스토랑. 철저하게 여행 준비를 하는 부지런한 타입이 아닌 터라 낯선 곳에서 한 끼 먹을 곳은 대부분 즉흥적으로 결정한다. 우선 식당의 파사드^{Façade}, 그러니까 전면에서 전해지는 아우라가 첫째이며, 인테리어와 조명, 테이블 배치의 하모니, 그다음엔 종업원의 표정, 주방의 위생 상태, 전통 메뉴와 창작 메뉴의 다양성 등을 종합적으로 면밀히 분석해 식당을 정하거나 하진 않는다. 배고픈데 언제 그런 걸 다 따지고 있겠는가. 대개 식당의 분위기와 가격만 훑어보고 들어가 메뉴를 고르고 나면 주방을 관장하는 조왕신께 기도 드린다. 부디 간만이라도 제대로 된 요리가 나오기를.

한바탕 거세게 내리는 폭우를 뚫고 겨우 식당에 들어갔다. 옷에 묻은 물기를 털며 자리에 앉으니 덩치 좋고 인상 좋은 종업원이 메뉴판을 가져다준다. 그러면서 어디서 왔느냐고 묻는다. 조건반사적인 웃음과 함께 "사우스 코리아"라고 대답하면서도 속으로는 '어디라고 하면 당신이 알아?' 하는 마음이었다. 지금 생각해보면 너무 까칠한 속마음이 아니었던가 싶지만 이해해주시길. 방금까지 장대처럼 내리는 비를 온몸으로 맞다시피 해 식당을 찾아온 터이니 말이다.

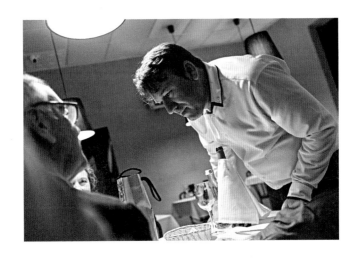

    우리의 포르투갈 아저씨는 이 낯선 동양인이 유라시아 대륙 정
반대 편에서 온 여행자라는 것을 알자 '그럼 그렇지' 하는 표정을
짓고는 이내 설명하기 시작했다. 그의 유창한 포르투갈식 영어를
온전히 알아들은 건 아니라고 미리 고백하겠다. 있는 실력 없는 실
력을 총동원해보자면 그의 설명은 대략 이러했다.

    "우리한테는 이런이런 메뉴가 있는데 한국인들은 이런저런 메
뉴를 선호하는 편이더군. 다른 한국인들은 그런저런 메뉴를 선택
하기도 하지만 이런저런 메뉴에 상당히 만족해했네. 어디까지나

선택은 당신의 몫이고 어떤 메뉴를 선택하더라도 실망하는 일은 없을 거니 편하게 메뉴를 고르길 바라네."

설명을 듣고 나자 왠지 모르게 방금까지 피어오르던 까칠함은 눈 녹듯 사라졌다. 오히려 친절에 감동받아 눈시울이 뜨거워지는 게 아닌가. 그렇게 감동할 만한 일인가 싶겠지만 험한 빗속을 뚫고 온 참이어서 그랬을까. 그의 친절에서 진심이 느껴졌다. 아까의 까칠했던 속마음을 반성하며 메뉴를 고르고 와인을 주문했다. 나중에 알게 됐지만 내가 선택한 건 와인 1병(750밀리리터)이 아니라 와인 1리터였다. 테이블로 온 그가 "워워, 친구" 하며 당황스러운 표정을 지으면서 말했다.

"원한다면 와인 1리터를 줄 수 있네. 우리 집 와인이 맛이 꽤 좋긴 하지만 지금은 점심이고 밖에 비도 오고 하니 일단 2분의1리터로 시작하는 게 어떻겠나. 나중에 더 필요하면 이야기하게. 우린 언제나 준비가 돼 있으니까 말이야."

그냥 1리터를 줄 수도 있었다. 굳이 더 먹겠다고 하는 손님을 말리다니. 본심이야 어떤지 모르지만 그의 한마디는 적어도 '우리는 매상보다 손님이 중요하다'는 인상을 주기에 모자람이 없는 배려였다. 음식을 먹기도 전에 이미 훈훈해진 감동으로 마음이 불러왔다. 어디서도 맛보지 못한 훌륭한 전채요리였다.

우리의 덩치 좋고 인상 좋은 아저씨의 이름은 파울루. 식당의 매니저였다. 식사를 마친 뒤에도 비가 잦아들기는커녕 더 거세져 한동안 테이블에 앉아 있어야 했다. 덕분에 테이블을 오가며 손님들과 이야기를 주고받는 파울루를 좀더 관찰할 수 있었다.

손님이 부담스럽다고 느끼지 않을 만큼 거리를 유지하면서도 편안하고 따뜻하게, 그러면서 당당하게 고객들에게 다가가는 그를 보니 서비스의 의미를 다시금 떠올려보게 됐다.

단지 직업으로서의 친절함과 진심 어린 관심 및 배려가 담긴 친절함은 그 결이 다르다. 마음에 없는 과장된 친절함을 접하면 괜히 우쭐해지다가도 미안한 마음이 생겨 불편하다. 이런 서비스는 받는 쪽도, 주는 쪽도 즐겁지 않다. 후자는 다르다. 서비스를 주는 쪽은 상대방에게 최선의 선택이 뭔지 자신감 있는 태도로 조언한다. 손님에게 관심을 갖고 무엇을 해줄 수 있을까라는 생각으로 다가가니 받는 쪽도 흐뭇하다.

메뉴를 고르기 전 국적을 물었던 파울루의 질문은 형식이 아니라 관심의 표현이자 배려였다. 그는 손님을 적당히 무시할 수도 있었지만 질문을 했고, 선택에 대해 존중하면서 동시에 배려도 잊지 않았다. 와인은 2분의1리터로도 충분했다. 만약 '내가 마시겠다는데 웬 참견이야'라며 1리터의 와인을 주문해 마셨다면 아마 취기에 못 이겨 빗길에 험한 꼴을 당했을지도 모르는 일이다.

식당의 요리 자체는 특출 나지 않았지만 식사 경험은 더할 나위

없었다. 만약 이 요리를 다른 곳에서 먹었다면 과연 나는 만족했을까. 평범한 요리를 그토록 흡족하게 만든 건 파울루의 진심 어린 서비스였다고 확신한다.

맛은 반드시 주방과 접시 위에서만 만들어지는 게 아니다. 연인이 서툴게 만들어주는 음식이나 어머니가 차려준 집밥의 맛에 감동하는 것은 맛을 떠나 그것이 온전히 나를 위한 것이기 때문이다. 그저 지갑을 열고 가는 존재로서가 아닌 식사하는 사람 그 자체를 향한 진심 어린 배려와 관심. 그 한 방울이면 세상에 맛있지 않을 요리가 또 어디 있을까.

15.

포르투갈인의
못 말리는 **대구** 사랑

소금의 발견은 불을 발견한 것에 견줄 만큼 인류에게 중대한 사건이었다. 불이 자연으로부터 인간을 보호하고 인간이 한곳에 정착해 사는 데 기여했다면 소금은 음식을 저장, 보존시킴으로써 인간에게 좀더 먼 곳으로 나가 자연을 정복할 힘을 부여했다. 바이킹을 비롯한 유럽인들이 먼 항해를 떠나 신대륙을 발견할 수 있었던 것도 소금을 이용한 염장식품 덕이 컸다. 이뿐 아니라 소금이 식재료와 만나면 놀라운 맛을 선사한

다. 대표적인 것이 스페인의 하몬과 이탈리아의 프로슈토 등으로 대표되는 햄, 그리고 여기서 소개할 염장 대구, 바칼랴우다.

유럽을 넘어 세계로 뻗어간
대구

대구잡이는 꽤 오랜 역사를 보유하고 있다. 북유럽 스칸디나비아반도의 서쪽, 즉 동북 대서양은 유럽에서 가장 풍부한 대구 어장을 형성하고 있었다. 스칸디나비아 반도에 거주한 바이킹족은 일찍이 대구잡이에 탁월했다. 대구는 살에 기름기가 없기에 말려서 보존하기 쉬울 뿐 아니라 식성이 좋아 간단한 조업으로도 손쉽게 잡혀 바다에서 식량을 얻는 민족에게 요긴한 식량 자원으로 통했다. 바이킹은 대구 덕분에 콜럼버스가 신대륙을 발견하기 훨씬 더 전부터 새로운 땅의 존재를 알고 있었다. 그들은 대구를 쫓아 서쪽으로 항해했고, 아이슬란드를 지나 지금의 캐나다 뉴펀들랜드 지역까지 다다라 그곳에서 엄청난 규모의 대구 황금어장을 발견했다. 뉴펀들랜드에서 발견된 바이킹의 흔적은 그들이 그곳에서 대구를 잡아 말린 후 고향으로 돌아갔다는 것을 증명한다. 콜럼버스가 신대륙에 상륙하기 500여 년 전의 일이다.

신대륙의 대구 황금어장은 오랫동안 비밀에 부쳐졌다. 이곳의 존재는 바이킹과 이베리아반도 북쪽에 살고 있던 바스크인만이 알고 있었다. 바스크인들은 대구를 찾아 목숨 걸고 원양어업에 나서곤 했다. 그들은 배 위에서 잡은 대구에 소금을 뿌린 뒤 해풍에 말려 가공했다. 이렇게 만든 대구 가공품은 운반하기에 좋고 보존력도 높아 인기를 끌었다. 말린 대구는 내륙 지방의 고기나 치즈 등 특산물과 교환되는 일종의 화폐 역할도 했다.

유럽에서 대구 수요가 높아진 데는 종교적인 이유도 있었다. 맛좋고 영양 풍부한 대구는 사순절 육식을 금하는 기간에도 먹을 수 있는 몇 안 되는 동물성 단백질 식품이었다. 명민한 유대인들은 일찍부터 대구 가공과 무역에 뛰어들어 부를 쌓기도 했다.

원거리 항해가 점차 보편화되면서 대구 가공품은 항해에 필수적인 식량으로 자리 잡았다. 바짝 말린 포르투갈의 바칼랴우는 가벼울 뿐만 아니라 부피도 적게 차지해 장거리 항해 식량으로 안성맞춤이었다. 지중해와 카리브 해 연안, 해안가를 끼고 있는 아프리카, 인도의 몇몇 지역 전통 요리를 살펴보면 유럽식 대구 요리와 비슷한 음식을 발견할 수 있다. 그곳들은 예외 없이 당시 유럽의 선박이 거쳐간 주요 거점항이라는 공통점을 갖고 있다.

미국이 아직 영국의 식민지이던 시절. 대서양 연안 황금어장에서 잡히는 대구는 미국인들에게 식량이면서 동시에 수입원이었다. 상등품의 대구 가공품은 주로 유럽으로 수출됐고 질 낮은 하등품의 대구는 서민과 흑인 노예들의 몫이었다. 먹을 것이 부족하던 흑인 노예들에게 대구 요리는 프라이드치킨과 같은 솔 푸드Soul food였던 것이다.

대구는 국제정치에 영향을 끼치기도 했다. 19세기 영국의 대구 무역 제한은 미국이 독립전쟁을 일으킨 이유 중 하나였다. 현대에 와서도 대구는 주요한 해상 자원이지만 산업화와 조업 기술 발달에 따른 남획으로 인해 개체 수가 현저히 줄어들고 있다. 이 때문에 전쟁의 불씨가 되기도 했는데, 1970년대 영국과 아이슬란드가 대구 어장을 놓고 세 차례 벌인 이른바 대구 전쟁은 경제수역 200해리가 국제적으로 통용되게 하는 결과를 낳았다.

유럽인들의 사랑
염장 대구

우리나라 사람들도 대구를 꽤나 좋아하지만 세계에서 포르투갈인들만큼 대구에 강한 열정을 보이는 민족도 없다. 조리법이 수백 가지에 달해 365일 각기 다른 대구 요리를 먹을 수 있을 정도다. 요즘에는 대구 말고도 먹을 것이 많아 수요가 줄었지만 그래도 대구를 빼놓고는 포르투갈 음식을 이

야기할 수 없다.

포르투갈에서는 바칼랴우bacalhau라 하고 스페인에서는 바칼라오bacalao, 이탈리아에서는 바칼라baccala 등으로 불리는 이것은 말리거나 염장한 대구를 일컫는다. 이들에게는 대구를 싱싱한 생물로 먹는 것보다 말리거나 염장한 것을 물에 불린 뒤 요리하는 게 더 익숙하다. 유럽에서 소비되는 대구는 대서양 대구로, 우리나라 근해에서 잡히는 태평양 대구와는 다르다. 대서양 대구는 태평양 대구와 비교해 몸집이 상당히 큰 편이다. 1미터를 훌쩍 넘기는 것도 있다.

과거 대구를 가공하는 방법은 크게 세 가지였다. 소금에 절이는 염장과 바닷바람에 말리는 건조, 그리고 소금에 절인 뒤 바닷바람에 말려 수분을 완전히 제거하는 염장 건조 방식이다. 대구는 헤엄을 많이 치지 않아 붉은 근육과 지방이 거의 없는 흰 살이 대부분이다. 지방이 산화되면 산패한 맛이 나기 때문에 말리기 위한 용도로는 기름기가 적고 담백한 대구가 적합했다.

음식을 말려 건조시키는 방법은 오래된 저장법 중 하나다. 신선한 상태의 생선은 80퍼센트가 수분으로 이뤄져 있는데 수분이 25퍼센트 이하가 되면 박테리아가 증식하지 못하고 15퍼센트 이하면 곰팡이도 생기지 않는다. 수분을 제거하는 과정에서 효소의 작용으로 인해 원래 맛보다 더 깊은 풍미를 낸다. 건조법은 춥거나 더운 기후가 극단적인 지방에서 사용하기 좋은 방법이다. 북유럽에서는 추운 겨울 바위에 널어 건조했는데 특별히 소금을 치지 않아도 낮은 온도 덕에 생선이 부패하지 않았다. 반대로 더운 지방의 경우 수분이 급속히 증발하므로 건조법이 유용했지만 온난한 기후의 경우 생선이 미처 마르기 전에 부패하기 쉬웠다. 이 때문에 기후가 온난한 중남부 유럽에서는 소금에 한 번 절인 후 말리는 방법이 널리 활용됐다.

　포르투갈 시장이나 식재료 상점에 가면 천장에 길게 걸어놓은 바칼랴우가 쉽게 눈에 띈다. 포르투갈의 바칼랴우는 얼핏 보면 마른 널빤지처럼 보이는데 실제로 만져보면 이걸 먹을 수 있을까라는 생각이 들 만큼 굉장히 딱딱하다. 바칼랴우를 요리하는 데는 손이 꽤 많이 간다. 우선 나무판자 같은 바칼랴우를 통째로 물에 담가 소금기를 빼는 동시에 불려준다. 물 대신 우유에 담그기도 한다. 가능한 한 자주 물을 갈아줘야 하는데 고인 물에서 박테리아가 생성돼 상할 수 있기 때문이다. 이렇게 며칠간 물을 갈아주는 수고를 거치면 나무판자 같던 대구는 신기하게도 원래의 통통한 모습으로 돌아온다. 소금기를 완전히 빼지 않고 적당히 간을 맞춰 물에서 건지는 것이 기술이다. 같은 바칼랴우라 해도 여기서 맛의 차이가 결정된다.

　이렇게 원상 복구된 대구는 모습은 비슷할지라도 생대구에서

바칼랴우아미뇨타

바칼랴우아사두

느껴지는 것과 전혀 다른 차원의 풍미를 지니고 있다. 소금에 절여지는 동안 소금에 내성이 있는 효소가 단백질과 지방을 더 감칠맛 나는 분자로 분해한 덕이다. 쉽게 부스러지는 생대구 살과는 달리 탄력 있고 쫄깃한 식감을 자랑한다.

포르투갈 사람들은 바칼랴우를 굽고 볶고 지지고 튀기고 삶아 먹는다. 가장 단순하면서 접하기 쉬운 것은 포르투갈 북부 미뉴 지방 스타일의 바칼랴우 아 미뇨타Bacalhau à minhota다. 덩어리째 썬 바칼랴우를 튀긴 후 얇게 썬 감자튀김과 식초에 볶은 채소를 함께 내는 요리다. 바삭하고 고소한 맛과 바칼랴우 특유의 풍미가 잘 어우러져 맛이 꽤 좋다. 바칼랴우 아사두Bacalhau assado는 이름 그대로 그릴 위에 구운 바칼랴우로 삶은 감자와 채소가 곁들여져 나온다. 바칼랴우의 맛과 향을 제대로 느낄 수 있는 선택이다. 바칼랴우를 북어포처럼 잘게 찢은 후 튀겨 감자 및 채소와 먹는 브라가 지방 스타일의 바칼랴우 아 브라스Bacalhau à brás도 와인 안주로 제격이다.

포르투갈과 포르투갈의 식민지였던 브라질에서 인기 있는 간식으로 통하는 파스텔 지 바칼랴우Pastel de bacalhau도 별미 중의 별미다. 바칼랴우와 감자 등을 섞어 튀겨 만든 일종의 어묵 튀김이다. 우리가 아는 쫄깃한 어묵이라기보다 으깬 감자의 식감에 가깝다. 리스본 시내에서 유명한 카사 포르투게사 두 파스텔 지 바칼

파스텔 지 바칼라우

랴우Casa portuguesa do pastel de bacalhau는 1904년부터 파스텔 지 바칼랴우만 전문으로 파는 유서 깊은 가게다. 북어포처럼 잘게 찢은 바칼랴우에 감자, 달걀을 섞은 후 그 안에 세라 다 에스트렐라Serra da estrela 치즈를 넣고 튀김옷을 입혀 튀긴다. 보기에는 마치 세련된 크로켓 같지만 맛은 의외로 소박하다. 살짝 곰삭은 향을 풍기는 바칼랴우와 쿰쿰한 지하실 곰팡이 향을 뿜어내는 진한 치즈의 조합은 달콤한 포트와인과 함께 오후 간식으로 먹기에 딱 좋다.

유럽의 서쪽 끝에서 희망을 찾아 먼 바다로 나간 포르투갈인들. 그들은 바다의 짠 소금 바람을 견디며 세계 곳곳을 누볐다. 무미담백한 대구가 소금에 절여지고 바람에 말려지는 인고의 시간을 거치면 풍미 넘치는 바칼랴우가 된다. 바칼랴우가 주는 깊은 맛은 어쩌면 포르투갈 사람들의 영혼을 담고 있기 때문인지도 모른다.

16

주정강화 와인 삼형제
셰리, 포트
그리고 마르살라

"이 와인 달아요?"

와인에 대해 전혀 알지 못했던 시절, 와인을 선택하는 기준은 오로지 두 가지였다. 달거나 혹은 달지 않거나. 그러다 보니 와인을 고를 때 물어볼 것이라곤 달아요, 안 달아요뿐. 당도와 소위 바디감이라는 걸 그래프로 친절하게 표시해놓았으면 좋으련만, 육안으로 보고 할 수 있는 판단이라곤 라벨의 디자인이 예쁘냐 정도였다.

와인깨나 마신다는 사람들에게 당도가 높은 와인, 즉 스위트 와

인은 와인 먹을 줄 모르는 이들이나 먹는 것으로 치부되기 일쑤이지만, 스위트 와인과 드라이 와인은 그 용도가 다를 뿐 우열관계에 있는 것은 아니다. 서양식 코스 요리에서 드라이 와인은 음식 맛을 돋움과 동시에 입안에 남은 음식의 맛과 향을 씻어줘 다음 음식을 더 맛있게 먹을 수 있도록 돕는다. 드라이 와인이 차분하게 음식을 즐길 수 있도록 하는 역할이라면 스위트 와인은 유흥에 방점이 찍혀 있다. 주로 식사 막바지에 달달한 디저트와 함께 등장하는 화이트와인은 식사를 기분 좋게 마무리한다.

개성 넘치는
주정강화 와인의 세계

와인의 세계는 넓고도 다양하지만 그중에서 독특한 개성과 풍미를 자랑하는 특별한 와인이 있다. 관심 있는 사람이라면 한 번쯤은 들어봤을 법한 포트와인과 세리와인 등으로 대표되는 주정강화 와인이 그것이다. 문자 그대로 주정 즉, 알코올을 첨가해 알코올 도수를 높인 와인을 뜻한다. 이런 와인은 보통의 와인과 비교해 한층 더 선명하고 풍부한 맛과 향을 갖는다.

같은 주정강화 와인이라고는 하지만 포트와인과 세리와인은 그 제조 방식이나 개성이 전혀 다르다. 포트와인은 레드와인을 만드는 발효과정 중간에 증류주를 첨가한다. 발효를 인위적으로 중단해 미처 알코올로 변환되지 않은 포도의 당분으로 단맛을 낸다. 세리와인은 주정 강화한 화이트와인을 일부러 산화시켜 만든 것으로 달지 않고 드라이하다. 이탈리아를 대표하는 주정강화 와인 마르살라는 포트와인과 세리와인의 방식을 혼합해서 만들어진다. 산화시킨 화이트와인에 발효를 중지한 포도즙과 한 번 끓인 포도즙을 섞어 만드는데 포트와인 및 세리와인과는 또 다른 독특한 풍미를 낸다. 이외에도 끓여 만드는 마데이라주와 약초를 첨가한 베르무트가 주정강화 와인에 속한다.

전 세계 바다를 누빈
셰리와인

　　　　　　　　　　주정강화 와인의 역사는 스페인의 셰리와인으로부터 출발한다. 오늘날 셰리와인이 생산되고 있는 스페인 남부 지역은 기원전 11세기 페니키아인들이 처음 포도나무를 심은 때부터 중요한 와인 생산지 중 하나였다. 셰리와인은 원래 남부 헤레스 지역에서 생산되는 와인을 의미했다. 이 지역은 아랍의 무어인들에게 정복당했던 당시 이름이 셰리시Sherish였는데 여기서 셰리라는 이름이 유래됐다는 설이 있다. 보통의 와인이었던 셰리와인이 주정강화 와인으로 변모하게 된 것은 스페인이 무어인의 지배를 받던 9세기부터 15세기 사이 어느 시점으로 추정된다. 주정강화 와인은 주로 와인을 증류시킨 술인 브랜디를 소량 첨가해 만드는데, 증류 기술이 당시 무어인들에 의해 유럽에 전파됐기 때문이다.

　　이슬람교에서 음주는 죄악이자 금기였다. 이슬람교를 믿는 무어인에게 와인은 마시지도 못할 무용지물이었다. 와인을 만드는 포도밭은 쓸모가 없으니 갈아 엎어버릴 수도 있었지만 무어인들은 그렇게 꽉 막힌 사람들은 아니었다. 당시 이 지역 와인 무역으로 얻을 수 있는 수입이 꽤 컸고, 무어인들은 피지배 계층인 기독교인들로부터 와인을 빼앗는 행위는 곧 엄청난 저항을 야기하리

증류주의 역사

증류 기법의 시작은 기원전 2000년대까지 거슬러 올라간다. 고고학 유물과 문헌을 통해 메소포타미아 지역 사람들이 달 군 냄비와 증기를 응결시켜 포집할 수 있는 뚜껑으로 증류를 시도해 식물성 기름을 농축했다는 것이 증명됐다. 그리스의 아리스토텔레스도 바닷물을 증류하면 마실 수 있는 물이 된 다고 언급한 기록이 있을 정도로 증류의 역사는 오래됐다. 증 류기법이 획기적인 발전을 이룬 데에는 아랍의 영향이 컸다. 아랍인들은 개량된 증류기를 이용해 알코올을 쉽고 빠르게 증류할 수 있는 기술을 갖고 있었다. 최신 증류기술이 유럽 에 전해지자 유럽인들은 증류주 제조에 열정을 쏟아부었다. 12세기 이탈리아의 살레르노 의과대학에서는 와인으로 만든 상당량의 증류주가 제조됐으며 이는 음료보다는 약으로 대접 받았다. 알코올이 혈액순환을 자극해 활력을 준다 해 이렇게 만들어진 증류주를 스페인에서 아콰비테Aqua vitae, 즉 생명 의 물이라 불렀다. 증류주를 뜻하는 스칸디나비아의 아크바 비트Aquavit, 프랑스의 오드비Eau de vie, 위스키Whisky가 유 래된 게일어 우스케바Usquebaugh 등에서 '생명의 물'이라는 어원을 찾아볼 수 있다. 애주가들 사이에서 회자되는 '술이 약'이라는 말이 전혀 근거 없는 건 아닌 것이다.

라는 걸 알고 있었다. 이런 연유로 술을 금지하는 아랍 세력의 영향 아래에서도 이베리아반도에서는 여전히 기독교인을 중심으로 와인이 유통됐다. 이 시기 증류기로 다양한 음료를 제조하려는 시도가 이뤄졌는데 주정강화 와인도 그 산물 중 하나다. 와인에 주정을 첨가하면 오랫동안 보관이 가능했는데 이 때문에 당시 먼 항해를 떠나는 선원들에게는 항해 필수품이 되었다. 선원과 일반인 모두 먹고 취하려는 용도보다는 식수 대용으로 와인을 마시던 시대였다. 콜럼버스가 인도를 발견하기 위해 서쪽으로 항해를 시작할 때에도, 항해 왕 마젤란이 인도 동쪽으로 향할 때에도 어김없이 셰리와인을 한가득 실었다는 기록이 있다.

세리와인이 유럽에서 인기를 끌게 된 건 16세기다. 당시 영국의 군인이자 해적으로 유명했던 프랜시스 드레이크는 함대를 이끌고 스페인 헤레스 인근 무역항인 카디스를 급습했다. 이때 항구에 있던 셰리와인 3000여 통을 탈취해 본국으로 가져가 경매에 넘겼는데 이것이 영국 상류층 사회에서 인기를 얻었다. 잇속에 밝은 영국 상인들은 헤레스로 달려가 셰리와인 산업에 뛰어들기 시작했고 셰리와인은 품질과 생산 측면에서 비약적인 성장을 하게 된다.

당시의 셰리와인은 지금과는 많이 달랐다. 19세기에 이르러 솔레라Solera 방식이 본격적으로 사용되면서 오늘날과 같은 형태의 세련된 셰리와인이 완성됐다. 간단히 설명하자면 솔레라 방식은 오래된 와인에 같은 종류의 새로운 와인을 조금씩 섞는 것이다. 이렇게 하면 새로운 와인을 오랫동안 숙성시킬 필요 없이 어느 정도의 숙성도를 유지하면서 균일한 품질의 와인을 만들어낼 수 있다는 장점이 있다.

주조과정을 간단히 짚고 넘어가자. 셰리와인을 만들기 위해서는 우선 미리 만들어진 화이트와인을 오크통에 채우는데 이때 꽉 채우지 않고 일부러 상부를 산소에 접촉시킨다. 이렇게 되면 통 안에 든 와인 윗부분에 플로르Flor라 부르는 흰 효모 막이 형성되는데 이 과정을 거치고 나면 셰리와인만의 독특한 풍미가 생겨난다. 이렇게 만들어진 새 와인은 솔레라 방식을 통해 숙성된 와인과 섞여 비로소 셰리와인으로 탄생한다. 의도한 풍미를 내기 위해 당도와 알코올 도수, 숙성 기간, 주조 방식 등에 다양한 변주를 주기도 한다.

셰리와인의 맛과 향

스페인 세비야에서 남쪽으로 한 시간을 달려 도착한 헤레스데라프론테라. 셰리의 고향답게 셰리와인을 판매하는 와인숍과 셰리 와이너리가 곳곳에서 눈에 띈다.

스페인 내에서는 세리라는 이름보다 지명을 따 헤레스^{Jerez, Xerez}라는 이름으로 통한다.

예약했던 세리 와이너리 투어를 놓쳐 허탈해하고 있자 와이너리 직원이 다가와 레스토랑 한 곳을 추천해주었다. 근처에 세리와인 페어링(요리와 그에 어울리는 술이 곁들여 나오는 방식)이 뛰어나기로 유명한 곳이 있으니 꼭 가보라는 것이었다. 찾아간 곳은 오래된 세리 저장 창고가 있던 건물을 개조한 라 카르보나라 레스토랑. 예상치 못했지만 이곳에서 세리와인 특유의 가벼운 산미가 매력적인 투명한 피노^{Fino}부터 묵직한 향과 깊은 풍미를 갖춘 짙은 갈색의 올로로소^{Oloroso} 등 다양한 종류의 세리와인과 함께 안달루시아 전통 음식을 재해석한 요리를 맛볼 수 있었다. 가벼운 전체요리부터 생선과 고기를 사용한 메인 요리, 그리고 달콤한 디저트에 이르기까지 각각의 요리에 어울리는 서로 다른 개성을 지닌 세리와인의 향연을 만끽하고 있자니 이대로 시간이 멈췄으면 하는 생각이 절로 들 정도였다. 와인 하나가 이처럼 다채로운 개성을 뽐내다니 놀랍기도 하면서 동시에 와인을 친숙하게 접할 수 있는 유럽 사람들이 그저 부러웠다. 이런저런 생각을 하며 다섯 가지 요리와 다섯 잔의 세리와인을 깨끗이 비우고 나니 어느새 눈이 슬슬 풀렸다. 내가 마시고 있는 이 술이 주정을 강화한 와인이라는 걸 잠시 망각한 탓이었다. 혼자 온 손님이 점점 정신줄을 놓고 있다는 걸 아는

지 모르는지 종업원은 조용히 다가와 비운 잔에 셰리와인을 채워 준다. 이 얼마나 넉넉한 인심인가. 주는 대로 받아 마시다가는 제 발로 숙소를 찾아가지 못하겠다는 생각이 들어 가까스로 자제력을 발휘했다. 식당을 나오니 아직 중천에 떠 있는 해가 낯설었다. 그길로 곧장 인적 드문 광장의 벤치에 누워 낮잠을 청했다. 겨울이었음에도 햇살이 유난히 따스하게 느껴진 것은 남부의 날씨 때문이었을까, 셰리와인 때문이었을까.

깊은 달콤함의 유혹,
포트와인

포트와인은 포르투갈을 대표하지만 사실 영국인에 의해 태어났다. 셰리와인처럼 포트와인도 포도를 증류해 만든 브랜디가 탄생한 이후 생겨난 주정강화 와인이다. 오랫동안 유럽 와인 시장의 큰손은 영국이었다. 영국은 포도가 잘 자랄 수 없는 환경이었기에 자체적으로 와인을 만들기 어려웠다. 이 때문에 와인을 전량 수입에 의존했다. 프랑스 와인이 급격한 발전을 이룰 수 있었던 것도 영국이라는 거대한 시장이 있었기 때문이다. 영국인들은 프랑스 와인을 특별히 좋아했는데 문제는 영국과 프랑스가 정치적으로 앙숙이었다는 점이다. 툭하면 양국 간에 전쟁이 벌어져 와인 수출과 수입이 어려워지는 통에 영국 상인들은 수입처를 다각화해야만 했다. 이탈리아 와인은 프랑스 다음으로 유명하지만 배편으로 실어오기에는 지리적으로 너무 멀었다. 까다로운 영국인의 눈에 띈 곳이 바로 스페인과 포르투갈이다. 17세기 영국인들은 포르투갈 도루강 상류 지역에서 품질 좋은 적포도가 생산된다는 것을 알고 와인 제조에 적극적으로 뛰어들었다. 생산과 수출은 대부분 이에 능숙한 영국 상인들의 주도로 이루어졌다. 샌드맨Sandeman, 그레이엄Graham 등 오늘날 유명한 포트 와이너리의 이름이 대부분 영국식인 이유다. 이렇게 생산된 와인은 깊고 풍부한 바디감을 자랑했다. 당시 고급 와인의 대명사로 통하던 프랑스 보르도 와인에 비견될 정도였다. 강 상류 계곡에서 만들어진 와인은 강줄기를 따라 항구도시 오포르토O'porto(현재의 포르투)에 모여 수출됐다. 이때부터 포르투갈산 와인은 항구의 이름을 따 포트와인Port wine으로 불리게 됐다. 포트와인 수출은 1703년에 영국과 포르투갈 간에 맺은 메이텐 조약을 계기로 전성기를 누린다. 조약은 포르투갈이 영국의 직물을 수입하는 대신 영국은 포르투갈 와인을 수입할 때 프랑스 와인보다 관세를 3분의 1 적게 낸다는 내용이었다.

포트와인에 브랜디를 첨가하게 된 이유는 영국인 선원들이 포트와인을 영국으로 실어가는 도중 와인이 상하는 것을 막기 위해

서였다는 이야기가 있는데 이는 사실 셰리와인에 얽힌 내용이다. 주정이 강화된 포트와인이 보존력이 뛰어나긴 하지만 본래 의도는 영국인들의 입맛에 맞추는 데 있었다. 포트와인 때문에 묵직하고 달콤한 와인이 유행한 것인지, 때마침 포트와인이 유행의 물살을 잘 탔는지는 정확히 알 수 없으나 18세기를 기점으로 영국에서 포트와인이 큰 인기몰이를 한 것은 사실이다. 맑은 날이 있으면 흐린 날도 있는 법. 식을 줄 모르는 인기를 한 몸에 받던 포트와인에도 악재가 찾아온다. 원인은 우선 영국인들의 변덕 때문이었다. 무거운 와인보다는 가벼운 와인을 선호하는 쪽으로 유행이 바뀌자 스페인의 셰리와인이 다시금 인기를 얻어 포트와인의 점유율은 곤두박질쳤다. 정치적인 영향도 있었다. 19세기에 들어서자마자 나폴레옹이 일으킨 전쟁과 이후의 내전을 차례로 겪으며 포르투갈 와인 산업은 정체됐다. 여기에 엎친 데 덮친 격으로 1870년경부터 포도나무에 기생해 나무를 고사시키는 해충인 필록세라가 유럽에 상륙해 대부분의 포도밭을 초토화시키는 참사가 벌어진다. 포트와인의 주 생산지였던 도루 계곡 인근도 위기를 피할 수 없었다. 필록세라로 인해 황폐화된 포도밭이 20세기가 돼서야 겨우 회복세에 이를 정도로 그 피해는 심각했다. 역경의 시간 탓에 발전의 타이밍을 놓친 포트와인은 와인 시장에서 외면을 받았다. 그러나 현대에 이르러 포트와인은 선진 와인 기술을 받아들이고

연구를 통해 품질을 획기적으로 높이는 등의 노력을 통해 화려한 재기에 성공했다.

포트와인은 단맛이 특징이지만 요즘 추세에 맞춰 달지 않은 드라이한 포트와인도 생산되고 있다. 셰리와인이 화이트와인을 이용한 주정강화 와인이라면 포트와인은 레드와인을 사용하며 만드는 방식도 크게 다르다.

우선 포트와인은 일반적인 레드와인을 만들 때와 마찬가지로 압착한 포도즙을 발효시킨다. 발효과정에서 효모에 의해 당분이 알코올로 전환되는 가운데 알코올 농도가 10퍼센트쯤 됐을 때 브랜디 원액을 첨가한다. 갑작스러운 알코올의 습격에 효모들이 제 기능을 하지 못하게 되면서 발효가 중지되는데 때문에 효모가 미처 소화하지 못한 당분이 남겨진다. 설탕을 따로 넣지 않았는데도 달콤한 이유가 여기에 있다. 이렇게 만들어진 포트와인은 18~20퍼센트 정도의 알코올 농도를 갖는다. 종류에 따라 셰리와인을 만들 때처럼 솔레라 방식을 쓰기도 하며, 일반 와인처럼 단일 품종 단일 빈티지를 오크통에 넣어 숙성시키기도 한다.

포트와인은 셰리와인과 비교해 오감적 특성이 눈에 띄게 차이난다. 화이트와인으로 만든 셰리와인이 가벼움을 기반으로 세련된 풍미를 보여준다면 포트와인은 달콤하면서 진한 과일 향과 함께 묵직하면서도 깊은 맛을 낸다. 셰리와인이 주로 식전주로 입맛을 돋우는 역할이라면 포트와인은 식사의 마무리를 깔끔하게 정리해주는 식후주로 제격이다.

포트와인이 세계 와인 시장에서 특별한 위상을 차지한 데 비해 포르투갈의 일반 와인은 오랫동안 저평가돼왔다. 그도 그럴 것이 상등품의 포도는 죄다 포트와인을 만드는 데 사용됐고, 나머지 포도로 국내 소비용 와인을 만들었기 때문이다. 2000년대 들어 기술과 자본이 본격적으로 투자되면서 포르투갈 와인은 비약적인 질적 발전을 이뤄냈고 포르투갈은 현재 와인 선진국 대열에 당당히 들어섰다. 포르투갈에 왔으면 포트와인 말고도 다양한 포르투갈 와인을 마셔보라는 소리다. 만약 포르투를 방문했다면 저녁 시간 매일같이 아름다운 노을이 파노라마처럼 멋지게 펼쳐지는 도루 강변으로 가보자. 마치 포트와인의 색처럼 붉게 물드는 도루 강가를 바라보며 마시는 포르투갈 와인 한 잔이면 어느 누구와도 사랑에 빠질 수 있을 것 같은 기분이 들 테니.

이탈리아의 보석,
마르살라

이탈리아를 대표하는 주정강화 와인 마르살라Marsala wine는 셰리와인이나 포트와인에 비해 한참

막내 격이다. 마르살라와인도 포트와인의 경우와 같이 돈 많은 영국인의 손에서 탄생했다. 1773년 영국의 상인 존 우드하우스는 사업차 이탈리아 시칠리아에 들렀다가 그곳의 화이트와인 맛에 흠뻑 빠졌다. 그는 영국에 와인을 실어가려 했으나 거리가 문제였다. 스페인이나 포르투갈 정도의 거리라면 모를까, 시칠리아에서 영국까지 가는 시간 동안 와인이 못 버틸 게 분명했기 때문이다. 세리와인에서처럼 변질을 막기 위해 브랜디를 첨가한 화이트와인을 영국으로 가져간 우드하우스는 꽤 괜찮은 맛과 향에 놀란다. 사업성을 발견한 그는 시칠리아로 돌아와 와이너리를 사들인 후 본격적으로 마르살라와인을 만들어냈다. 와인이 수출되던 항구 이름을 따 '마르살라'라고 이름 붙여진 이 주정강화 와인은 처음에는 영국에서 큰 주목을 받지 못했다. 달콤하고 중후한 포트와인이 크게 유행하고 있었기 때문이다. 마르살라와인이 비집고 들어갈 틈이 보이지 않자 영리한 우드하우스는 머리를 썼다. 처음 마르살라와인은 세리와인과 오감적 특성이 비슷했지만 유행에 맞춰 달콤하고 중후한 포트와인의 특성을 덧입히는 시도를 했다. 세리와인과 포트와인의 장점을 취하려고 한 것이다. 이렇게 만들어진 마르살라는 영국뿐 아니라 미국에서도 꽤 좋은 반응을 얻었다. 인기가 있자 다른 영국인들도 속속 마르살라로 들어와 와인을 만들기 시작했다.

우드하우스의 정착 이후 거의 한 세기가 흐른 1832년, 빈센초 플로리오란 이름의 사업가가 이탈리아인으로서는 처음 마르살라 와인을 제조하기 시작했다. 당시 플로리오 가문은 시칠리아 서쪽에서 선박 회사와 조선소를 소유하고 있었는데 지금으로 치면 재벌 격의 집안이다. 훗날 이탈리아 이민자들이 미국으로 건너갈 때 탔던 배가 이 플로리오 가문의 증기선이었다. 1860년 이탈리아 통일의 주역 주세페 가리발디가 시칠리아를 접수하고자 마르살라 해안에 상륙했을 때 그를 적극 후원한 것도 플로리오 가문이었다.

마르살라는 이탈리아 국내를 비롯해 영국과 미국 등 주요 와인 소비국들 사이에서 인기를 끌었다. 미국이 금주령으로 한창 시끄러웠던 1920년대에는 마치 약병인 것처럼 의약품 라벨을 붙여 밀반입되기도 했다. 그러나 인기도 잠시, 포트와인과 마찬가지로 유행에서 밀리고 두 차례의 세계대전을 치르는 동안 조악해진 품질 탓에 시장에서 외면당했다. 그러다 1980년대 들어 마르살라와인 제조자 일부가 품질 향상을 위해 엄격한 규정을 만들어 쇄신에 나섰다. 품질이 향상된 마르살라와인은 포트와인 시장에서 그 가치를 재조명받았다.

마르살라와인은 세리와 포트와인을 만드는 방식을 혼합한다. 우선 일반적인 화이트와인을 만드는 과정을 거친다. 그런 다음 용기를 바꿔가며 여러 번 옮기는데 이 과정에서 산소와 접촉해 산화

작용이 일어난다. 산화된 와인에 브랜디를 넣고 미스텔라와 모스토코토를 섞는데 이 과정을 콘차Concia라 부른다. 모스토코토는 당도가 높은 포도를 압착한 포도즙을 약한 불에 졸인 것이며, 미스텔라는 발효 중인 포도즙에 증류주를 섞어 발효가 중지된 액을 말한다. 이렇게 여러 가지가 혼합된 마르살라와인은 큰 나무통에 담겨 장기간 숙성된 후 솔레라 방식으로 한번 더 숙성을 거친다.

마르살라와인은 세리나 포트와인에 비해 좀더 세련된 풍미를 보여준다. 포트와인의 묵직함과 셰리와인의 청량함 사이 어딘가 있는 듯한 느낌으로, 뜨거운 시칠리아의 태양을 받고 자란 포도들이 주는 독특한 향미가 고스란히 녹아 있다. 마르살라와인은 달콤한 디저트 와인으로 제격이다. 고르곤촐라 치즈와 같이 풍미가 강력한 음식의 짝으로도 역시 풍미가 강한 마르살라와인이 잘 어울린다. 단맛이 덜하지만 그렇다고 너무 드라이하지도 않은 세미 세코의 마르살라와인은 언제나 가볍게 즐길 수 있는 꽤 훌륭한 화이트와인 대용품이다.

모든 와인이 그렇듯 주정강화 와인도 온도가 생명이다. 온도가 높으면 알코올의 향이 짙어져 본래 갖고 있던 향과 맛이 가려진다. 온도가 너무 낮아도 풍미를 잘 못 느끼긴 마찬가지. 적당히 시원한 온도인 10도에서 12도 사이가 주정강화 와인을 마시기에 가장 적절한 온도다.

시칠리아에서 일하던 시절, 마르살라와인은 하루를 마감하는 퇴근주이자 지친 몸과 영혼을 위로해주는 위로주였다. 와인을 먹자니 마개를 따면 한 병을 그 자리에서 다 마셔야 할 것 같아 부담스럽고, 독한 위스키는 오히려 잠을 쫓아버릴 것 같아 손이 잘 가지 않았다. 그럴 때면 뚜껑을 열었다 닫아도 변질될 우려가 적으면서 적당히 달콤하고 부담도 없는 마르살라와인이 제격이었다. 지금도 고단한 하루를 보낼 때면 잠을 청하기 전 그때의 마르살라와인이 가끔 생각난다.

17.

달콤쌉쌀한
초콜릿의 유혹

　　단맛은 쾌감과 연관이 있다고 어디선가 들은 적이 있다. 단것을 섭취하면 뇌에서 도파민이 분비되면서 쾌감을 느끼므로 인간은 본능적으로 단맛을 추구한다는 것이다. 반쯤은 고개를 끄덕이면서 반은 고개를 젓고 싶은 게 단 음식을 먹고 있노라면 왠지 모를 죄책감 같은 게 느껴져 불쾌해지곤 하기 때문이다. 특별히 금욕주의자는 아닌 듯한데 단것은 몸에 좋지 않다고 세뇌된 무의식이 본능을 억누른 탓일까. 어찌 됐든 설탕이 많이 들어간 음식은 웬만해서는 사양하는 편이다.

그러나 예외가 있다. 초콜릿은 어떻게 해도 거부할 수가 없다. 사탕처럼 일차원적인 단맛이 아니라 쓴맛과 단맛이 복잡하게 얽히고설켜 미각을 자극하는 것이 묘한 기분을 느끼게 한다. 단것을 먹는다는 죄책감이 쓴맛에서 오는 자기반성적 감각에 의해 상쇄되는 듯하다고나 할까. 형벌과 면죄부를 동시에 받는 모순적인 맛, 달콤쌉싸름한 초콜릿의 매력이다.

벨기에는 왜
초콜릿 강국이 되었나

벨기에는 세계에서 손꼽히는 초콜릿 제조국이다. 초콜릿 하면 스위스도 있지만 벨기에는 초콜릿을 예술로 승화시켰다고 할까. 스위스가 신선한 우유를 사용한 부드럽고 달콤한 초콜릿을 납작한 판형으로 만드는 데 비해, 벨기에는 미적으로도 아름답고 맛도 훌륭한 최고급 초콜릿을 만든다는 자부심을 지니고 있다. 우리나라에도 잘 알려진 고디바Godiva나 길리안Guylian, 노이하우스Neuhaus 등 세계적으로 알려진 고급 초콜릿 제조사의 상당수가 벨기에에 적을 두고 있다.

초콜릿은 남아메리카가 고향인 카카오 콩을 재료로 만든다. 엄

밀하게 이야기하자면 초콜릿은 발효식품이다. 카카오 열매 안에 든 카카오 콩을 나무통에 넣고 수일 동안 발효시키면 우리가 아는 검은색의 카카오가 완성된다. 고대 남미인들은 발효된 카카오를 햇빛에 건조한 뒤 으깨거나 갈아서 먹었다는데, 이 원기를 회복시키는 음료를 초콜라틀Xocolatl이라 불렀다. 초기의 카카오 음료는 끔찍하게 쓴 끈적한 죽에 가까웠지만 아즈텍인들에 의해 액체 상태의 마실 수 있는 음료로 발전했다.

1521년 스페인의 에르난 코르테스가 아즈텍을 정복하면서 초콜릿은 유럽으로 전파됐다. 아즈텍의 초콜릿 음료는 유럽사회에 소개되자마자 큰 인기를 끌었다. 스페인 왕실은 당시 최고의 초콜릿 음료 제조 기술을 보유하고 있었으며 특히 영국에서 커피, 홍차와 비견되는 고급 음료로 유행했다. 남미에서 수입된 코코아는 상당한 고가품이어서 부유한 상류층만이 초콜릿 하우스에서 초콜릿 음료를 즐길 수 있었다.

1828년 네덜란드의 화학자 C. J. 판 하우턴이 초콜릿에서 카카오 버터를 제거하고 가루 형태의 초콜릿 파우더를 만들어내는 데 성공한 후 이 기술에 초콜릿 장인들의 창의력이 더해져 다양한 형태의 초콜릿이 개발되기 시작했다. 한편 미국에서 밀턴 허시에 의해 초콜릿이 본격적으로 대량 생산되기 시작하면서 초콜릿은 상류층의 음료에서 전 세계 사람들이 즐기는 간식으로 탈바꿈했다.

이쯤에서 의문이 생긴다. 유럽에서 초콜릿이 처음 상륙한 곳은 스페인이며 유행이 최고조에 달한 곳은 영국이다. 초콜릿 제조의 신기술은 네덜란드에서 개발됐고 대량 생산은 미국에서 이뤄졌으며 최초의 밀크 초콜릿은 스위스에서 만들어졌다. 그런데 대체 벨기에의 초콜릿이 왜 세계 최고가 되었을까.

벨기에 초콜릿 르네상스의
명과 암

벨기에 초콜릿의 역사는 17세기부터 시작됐다. 벨기에는 당시 스페인 왕가의 지배를 받는 지역이었다. 벨기에의 항구도시 앤트워프는 당시 북유럽에서 중남미를 오가는 물류의 허브였다. 카카오도 이때 벨기에에 땅을 밟았다. 일설에 따르면 17세기 후반 취리히 시장이 브뤼셀 궁전을 방문했다가 초콜릿 음료를 마시고는 한눈에 반해 스위스로 돌아가 초콜릿 생산을 시작했다고 한다. 벨기에 초콜릿이 세계적인 명성을 떨치게 된 건 근대에 들어서다. 1912년 스위스 이민자 출신 초콜릿 장인인 장 노이하우스가 프랄린Praline 초콜릿을 선보이면서 벨기에는 고급 초콜릿 시장에서 우위를 차지하기 시작했다. 프랄린은 원래 가열한 설탕을 아몬드나 땅콩 등에 버무린 후 식혀 만드는 달콤한 견과류 과자를 뜻한다. 여기서 아이디어를 얻은 노이하우스는 초콜릿 셸, 즉 초콜릿 껍질 속에 견과류, 크림, 버터 등 다양한 필링을 채운 뒤 봉인한 '벨지움 프랄린'을 만들어냈다.

프랄린 초콜릿은 고급 초콜릿 시장에서 돌풍을 일으켰다. 노이하우스의 성공 이후 그를 위시한 초콜릿 장인들에 의해 프랄린은 더 섬세하고 다양한 형태로 발전했다. 벨기에는 값싼 미국식 대량생산 초콜릿에 견주어 장인이 손으로 만드는 고급 수제 초콜릿으로 명성을 날리기 시작한 것이다.

오늘날 벨기에는 2000여 개의 초콜릿 매장에서 연간 17만 2000톤가량의 초콜릿을 생산하고 있다. 약간 과장하자면 길거리에 한 집 건너 한 집이 초콜릿 가게다. 벨기에에서 자라지도 않는 카카오나무의 열매에서 만들어진 초콜릿이 벨기에의 관광 상품이자 수출품으로 흥행하고 있으니 이런 게 바로 창조경제가 아닐까 싶다.

벨기에 초콜릿의 찬란한 영광 뒤에는 어둡고 아픈 역사가 자리하고 있다. 19세기 유럽의 부는 대부분 식민지에서 수탈한 자원으로 인한 것이다. 벨기에도 마찬가지다. 야심 많은 벨기에의 왕 레오폴드 2세는 1885년 아프리카 콩고 자유국을 하루아침에 왕의 사유지로 선포하고는 곧 식민지로 전환, 가혹한 수탈을 일삼았다. 벨기에는 콩고의 카카오 농장에서 카카오를 거의 공짜로 본국에

들여왔다. 이 덕분에 벨기에의 초콜릿 장인들은 풍부한 원료를 바탕으로 초콜릿 가공 기술을 마음껏 발전시킬 수 있었던 것이다.

벨기에로서는 영광의 시절이었지만 당시 식민지였던 콩고는 벨기에 군대에 의해 1000만 명 이상이 학살당하고 수십만 명이 굶어 죽거나 노예로 팔려나갔다. 아름답고 달콤한 벨기에 초콜릿 뒤에 콩고인들의 피와 땀이 얼룩져 있다는 사실을 알고 나면 초콜릿이 마냥 달게 느껴지지 않는다. 어쩌면 달콤함 뒤에 느껴지는 씁쓸함의 정체가 이것인가 싶다.

아즈텍 전통 방식 그대로, 이탈리아의 모디카 초콜릿

이탈리아 초콜릿 하면 무엇이 떠오르는지 맞춰보겠다. 십중팔구 금박 포장지에 아름답게 싸인 페레로 로세나 악마의 잼이라 불리는 누텔라를 떠올렸을 것이다. 사실 누텔라로 만든 것이 페레로 로세 초콜릿이니 어느 걸 떠올렸든 결국엔 같다. 페레로 로세가 워낙 세계적으로 유명하지만 정작 초콜릿의 조상 격 되는 것이 이탈리아에 있다는 사실은 잘 알려져 있지 않다. 시칠리아 동남쪽의 아름다운 바로크풍 도시에서 생산되는 모디카^{Modica} 초콜릿이 그것이다.

　모디카 초콜릿이 특별한 점은 유제품을 전혀 사용하지 않고 과거 아즈텍 방식으로 초콜릿이 만들어진다는 데 있다. 모디카 초콜릿은 우리에게 익숙한 초콜릿과는 질감이 다르다. 하나 떼어 씹어보면 모래 알갱이를 씹는 듯한 식감이 느껴지다가 이내 입안에서 단맛이 퍼지며 부드럽게 녹아내린다. 입에서 살살 녹는 일반 초콜릿과는 또 다른 경험이다. 차이는 가공 방식에서 비롯된다.

뜨거운 상태의 카카오매스에 설탕을 녹여 배합하는 일반 초콜릿과 달리 모디카 초콜릿은 카카오매스와 설탕을 낮은 온도에서 혼합하는 냉가공 방식을 사용한다. 돌로 만든 절구의 일종인 메타테Metate에 뜨거운 카카오매스와 설탕을 반죽하는데 이때 메타테의 낮은 표면 온도 탓에 설탕이 녹지 않고 입자가 그대로 남아 있는 것이 특징이다. 사실 이러한 냉가공법은 산업혁명 이전 유럽에서 초콜릿을 만들던 표준 방식이었다. 산업화와 더불어 콘칭Conching과 템퍼링Tempering 등 현대화된 초콜릿 가공 기술이 널리 쓰이면서 냉가공 방식은 점차 자취를 감췄다.

사실 모디카도 변화의 물결을 피할 수 없었다. 모디카는 예로부터 스페인 왕실에 초콜릿을 납품할 만큼 오랫동안 초콜릿을 만들어왔다. 이곳에서도 많은 초콜릿 제조자가 현대화된 방식으로 초콜릿을 생산하기 시작해 1990년대에 이르러 고집스럽게 전통 방식으로 초콜릿을 만드는 장인은 불과 세 명밖에 남지 않았다. 그 중 한 명이 모디카에서도 가장 오랜 전통을 자랑하는 초콜릿 제조사인 안티카 돌체리아 보나유토Antica Dolceria Bonajuto의 계승자다. 그는 선조의 가르침에 따라 전통 방식의 초콜릿 제조를 고수했다. 제조업자와 지방정부가 힘을 모아 자칫 사라질 수 있었던 구식 초콜릿을 자랑할 만한 관광상품으로 탈바꿈시켰다. 공장에서 냉가공 방식으로 대량 생산된 시중의 초콜릿과 비교할 수 없는 독특한 풍미를 지닌 전통 초콜릿의 대명사로 모디카 초콜릿이 재조명된 것이다. 이제는 모디카 어디를 가든 고추, 레몬 기름, 바다 소금, 피스타치오 등 다양한 향미가 첨가된 전통 방식의 초콜릿을 맛볼 수 있다.

모디카 사람들은 음식에도 초콜릿을 활용한다. 시칠리아식 주먹밥인 아란치니의 속으로 초콜릿이 들어가는 정도는 애교다. 고기를 넣어 만든 파이에 초콜릿이 버무려져 있는가 하면 스테이크나 구운 생선에 초콜릿 소스를 곁들이기도 한다. 충격적이지만 여기에는 나름의 이유가 있다. 초콜릿에 설탕이 첨가되기 전부터 초콜릿은 다양한 음식에 사용돼왔다. 달콤한 음료로 사랑받은 것과는 별개로 쓴맛 그대로의 초콜릿은 고기 요리용 소스의 풍미를 높이는 데 사용되곤 했으며 카카오 가루를 샐러드에 뿌려 먹기도 했다. 요즘 슈퍼푸드로 각광받고 있는 카카오 닙스를 이용한 식단은 과거 유럽인이 초콜릿을 다루던 방식과 동일하다. 전혀 기괴하게 여길 필요가 없다는 소리다.

모디카는 초콜릿으로도 유명하지만 인근의 라구사, 노토와 함께 바로크 양식의 건축물들이 잘 보존돼 있는 곳으로도 유명하다. 이들 지역을 가보면 곡선이 강조된 성당이 눈에 띈다. 바로크 건축 양식을 이끈 이탈리아의 천재 건축가 프란체스코 보로미니의 비정형주의 양식을 따른 것이다. 바로크식 성당들은 우아한 동시에

장엄할 뿐 아니라 마치 꿈틀거리며 살아 있는 생명체를 보는 듯한 역동적인 인상을 준다. 시칠리아를 여행하고 있다면 모디카에 들러 아삭거리는 초콜릿을 입에 물고 바로크 건물들의 향연에 심취해보길 바란다.

카카오매스와 카카오버터

초콜릿 성분을 구성하는 건 카카오매스와 카카오버터다. 카카오매스는 카카오 콩을 발효·건조시킨 것을 갈아 으깬 것을 말하고, 카카오버터는 카카오매스에서 지방을 추출한 것을 의미한다. 초콜릿의 맛과 향은 카카오매스에서, 질감과 녹는 정도는 카카오버터의 함량에 따라 달라진다. 벨기에 초콜릿과 같은 고급 초콜릿은 카카오 성분, 즉 카카오매스와 카카오버터의 함량이 높다. 우리가 일상적으로 슈퍼에서 쉽게 찾아볼 수 있는 값싼 초콜릿은 카카오매스 함량이 낮고 카카오버터 대신 다른 유지를 사용한 준초콜릿이나 초콜릿파우더를 이용해 향만 내는 정도의 이미테이션 초콜릿이 대부분이다. 고급 초콜릿과 그 외의 초콜릿은 풍미와 맛, 향과 질감 모든 면에서 차이가 난다. 같은 초콜릿이라 해도 다 같은 초콜릿이 아닌 것이다.

18

소시지의 탄생

어린 시절 가끔 상상하곤 했다. 만약 무인도에 홀로 남겨지면 무엇을 먹고 살아야 할까. 열대 기후의 무인도라 마침 바로 먹을 수 있는 과일이나 감자, 고구마와 같은 쓸 만한 작물이 있다면 다행이지만 그것만으로 연명할 수는 없는 노릇. 사람은 역시나 고기를 먹어야 하는데 그러기 위해서는 필연적으로 동물을 잡아야 한다. 여기서 고민이 시작된다. 과연 내가 살아 있는 동물을 도축할 수 있을까 하는 생각부터 도축한 고기

를 어떻게 요리하며, 또 남은 고기와 내장은 어떻게 처리해야 할까 라는 데 생각이 미치면 결국 무인도에 갇히지 않도록 매사에 조심 해야겠다는 결론에 이르렀다.

어린아이의 철없는 공상이 선사시대 인류에게는 중요한 문제 였다. 동물을 잡고 그 고기를 먹는 것까지는 좋다. 문제는 고기가 너무 크거나 배가 불러 다 먹지 못하는 상황이 벌어졌을 때다. 그 냥 놔두면 썩는데, 단 한 번의 식사로 끝내기에는 동물을 잡는 수 고가 지나치게 크다. 오랜 시간에 걸쳐 그들은 남는 고기를 소금에 절이거나 연기를 쐬어 보존력을 높이는 가공법을 알게 됐고, 이후 인류는 새로운 시대를 맞았다. 휴대 가능해진 식량 덕에 더 먼 곳 에서 더 오래 생존할 수 있게 되면서 자신의 영역을 서서히 넓혀나 간 것이다. 이렇게 탄생한 가공육 중 하나가 우리가 알고 있는 소 시지다.

소시지를 정의하자면 '동물 위장에 고기나 내장 등 부산물을 채 워넣어 가공한 음식'이다. 우리와 가장 친숙한 순대도 엄연히 소시 지의 한 부류다. 언제부터 인류가 소시지를 만들어 먹었는지는 분 명하지 않다. 고대 그리스의 시인 호메로스가 쓴 『오디세이』에 '기 름과 피를 채운 염소 소시지'가 등장하는 것으로 보아 당시나 그 이전에도 소시지는 존재하지 않았을까 추측된다.

다양한 소시지의 세계

영어 소시지^{Sausage}의 어원은 소금을 뜻하는 라틴어 sal에서 나왔다. 이름에서도 알 수 있듯 소시지에는 소금이 필수적으로 들어간다. 고기의 부패를 억제하기도 하지만 잘게 썬 부산물들을 단단하게 응집시키는 접착제 역할도 한다. 분류에 따라 크게 익히지 않은 생소시지와 열을 가해 익힌 소시지, 그리고 생소시지를 자연에서 말린 건조 발효 소시지로 나뉜다. 우리가 흔히 소시지하면 떠올리는 게 독일식 익힌 소시지다. 독일에서는 부르스트^{Wurst}라 부른다. 이탈리아에서는 익힌 소시지보다 건조 발효시킨 살라미^{Salami}나 생소시지인 살시차^{Salsiccia}가 많이 소비된다.

소시지는 내용물과 가공 방식에 따라 구분하기도 한다. 입자가 보이지 않을 정도로 속을 곱게 갈아 만든 유화 소시지는 우리에게 가장 익숙한 형태다. 독일의 부르스트와 이탈리아의 모르타델라는 대표적인 유화 소시지다. 고기 대신 돼지 피를 넣어 만든 것도 있다. 프랑스의 부댕 누아르$^{Boudin\ noir}$와 스페인의 모르시야, 체코의 옐리토^{Jelito}는 맛과 모양새가 꼭 우리 피순대를 닮았다.

이처럼 소시지는 만드는 방식과 재료에 따라 그 맛과 종류가 수백 가지에 달한다. 치즈, 와인과 더불어 개성 넘치는 다양한 맛의 스펙트럼을 지닌 음식이 바로 소시지다.

소시지를 즐기는 방식은 종류에 따라 다르다. 살라미와 같은 건조 발효 소시지는 짠맛이 강한 편이다. 다른 음식에 넣는 부재료로 쓰이거나 가벼운 와인 안주로 사용된다. 많이 먹고 싶어도 워낙 짜기 때문에 그러지 못한다. 훈제 피망 가루를 넣은 매콤한 소시지인 초리소는 스페인과 포르투갈 요리에 빠지지 않는 단골 재료다. 짠맛과 매콤한 맛, 감칠맛을 함께 지녀 조미료처럼 활용되기도 한다. 반면 익힌 소시지는 그 자체로 하나의 완전한 식사로 대접받는다. 감자와 채소, 그리고 소시지를 담은 소박한 식사는 영국과 독일, 네덜란드와 같이 청빈함을 강조하는 개신교 국가에서 흔히 찾아볼 수 있는 전통 식단이다.

오늘날 우리가 서양 음식의 대명사로 여기는 스테이크나 바비큐 같은 요리는 1년에 한두 번 특별한 날에 먹을 수 있는 귀한 것이었다. 안심과 등심 등 먹기 좋은 부위는 부자나 귀족들에게 돌아갔고 값싼 부위나 내장 등 남은 부산물이 시민의 차지였다. 부산물을 가공해 만든 소시지는 저렴하면서 영양가도 높다. 시대를 막론하고 독특한 취향을 가진 이들은 항상 있기 마련. 미식가를 자처하는 일부 상류층은 송아지의 간과 양 곱창, 소의 혀·꼬리·콩팥, 돼지의 생식기 등을 넣고 만든 소시지를 별미로 즐기기도 했다.

소시지는 한 끼 식사임과 동시에 간식이기도 하다. 유럽 길거리에서는 익힌 소시지를 파는 가게를 쉽게 발견할 수 있다. 노점에서는 가능한 한 다양한 소시지를 구비해놓고 굽거나 삶는다. 소시지를 호쾌하게 썰어 플라스틱 접시에 담아 주거나 통째로 빵에 끼워 주기도 한다. 소시지에 노란 머스터드소스만 곁들이는 것이 정석이지만 대부분의 소시지 노점에는 취향에 따라 케첩이나 칠리소스 등을 뿌려먹을 수 있도록 소스통들이 구비돼 있다. 어느 걸 뿌려야 할지 난감하다면 짜장면과 짬뽕 둘 다 먹고 싶을 때 하는 방법을 써보자. 다 뿌려보는 것이다.

핫도그와 소시지

소시지를 빵에 끼워넣은 음식을 '핫도그Hot dog'라 부른다. 소시지 강국인 독일에서조차 핫도그라 부르는 걸 보면 적어도 독일이 고향은 아니라는 얘기다. 핫도그의 어원에 관해서는 다양한 설이 있다. 한때는 미국에서 빵에 끼워넣은 기다란 소시지가 닥스훈트를 닮았다고 해서 핫도그란 이름이 붙었다고도 했지만, 이는 근거 없는 설로 드러났다.

빵과 음식을 함께 먹는다는 발상은 꽤 오래전부터 있어왔다. 로마 시절 빵을 접시 대용으로 사용했다는 기록이 있다. 게걸스럽게 먹는 이들을 두고 접시까지 먹어치운다 하는 표현이 여기서 유래됐다고 한다. 빵에 주재료를 끼워 먹는 샌드위치 혹은 핫도그의 형

태는 근대의 산물이라는 주장도 있다. 식사를 식탁 위에 차려 먹는 것이 아니라, 손에 들고 끼니를 간단히 때울 수 있다는 것은 그만큼의 식사 시간을 다른 활동으로 대체할 수 있다는 걸 의미한다. 이렇게 번 시간을 스스로를 위한 시간으로 쓴다면 좋겠지만 대개 아낀 시간만큼 더 일을 한다. 바쁜 노동자를 위한 간편한 음식이라는 것은 엄밀히 보면 노동자가 아니라 자본가에게 이익이 되는 것이다.

친척 격인 샌드위치가 화려한 속재료를 자랑하는 데 비해 핫도그는 남루해 보일 정도로, 빵과 소시지가 전부다. 가끔 양파나 볶은 양배추가 곁들여지기도 하지만 역시 핫도그의 미덕은 심플함이다. 구성 요소가 단순한 만큼 맛의 핵심은 소시지에 달렸다. 전통 방식대로 고기와 소금, 지방, 그리고 약간의 향신료만으로 속을 채운 소시지가 맛있음은 두말할 필요가 없다.

많은 소시지를 접해봤지만 가장 기억에 남는 건 우리 피순대를 연상케 하는 부댕 누아르다. 피와 내장을 넣은 소시지는 소시지의 원형에 훨씬 더 가깝다. 아마 태초의 소시지 맛이 이런 게 아니었을까 하는 상상도 해본다. 익숙한 녹진함과 이국적인 향신료가 입안에서 어우러질 때 생각나는 것은 딱 하나다. "이모, 여기 맥주 한 잔이요."

19.

인류의 역사를
바꾼 생선
청어

고작 생선 한 마리가 인류 역사를
바꿨다니. 믿기 힘들지만 사실이다. 바로 네덜란드의 청어 이야기
다. 한때 전 세계 바다를 누비며 상업으로 막대한 부를 축적한 네
덜란드를 있게 한 원동력이 청어였다. 그들은 북해에서 나는 청어
를 팔아 쌓은 부를 통해 유럽의 중심이 됐다. 17세기 전 세계 상업
과 금융의 중심지였던 네덜란드의 수도 암스테르담을 두고 '청어
뼈 위에 건설됐다'라고 평한 게 결코 과장만은 아니다.

시골 어부의 손에서
역사가 시작되다

당시 청어를 팔던 나라는 네덜란드 말고도 많았다. 발트해와 북해에 주로 서식하는 청어는 인근 영국과 덴마크, 노르웨이 등 해안가를 끼고 있는 나라들이 선호하는 어족 자원이었다. 이들을 제치고 네덜란드가 청어잡이 경쟁에서 확고한 우위를 차지할 수 있었던 배경에는 한 어부의 아이디어가 있었다. 14세기경 네덜란드 남쪽 제일란트 지방의 어부 빌럼 뵈켈스존이 청어를 빠르게 손질하고 장기간 보존할 수 있는 기빙Gibbing이라는 획기적인 방식을 고안해낸 것이다. 작은 칼로 단번에 아가미와 내장 일부를 제거한 청어를 소금물에 절여 통에 보관하면 쉽게 변질되는 청어를 오랜 기간 저장할 수 있었다. 그것은 곧 더 멀리까지 청어를 수출할 수 있다는 것을 의미함과 동시에 더 많은 수입을 얻을 수 있다는 걸 뜻했다. 청어의 장거리 운송이 가능해지자 네덜란드 상인들은 가능한 한 배가 닿을 수 있는 곳까지 청어를 내다 팔았다. 기빙 방식을 거쳐 통에 절인 청어는 최장 1년까지 보관이 가능했다.

식재료를 저장하는
네 가지 방법

　　　　　　　　오늘날처럼 냉동 설비가 없던 시절, 식재료를 장기간 저장하는 데는 크게 네 가지 방법이 있었다. 햇볕에 말리는 건조법과 소금에 절이는 염장법, 연기에 훈제시키는 훈연법, 그리고 효소의 작용을 이용한 발효법이다. 방법은 각기 다르지만 목표는 같다. 박테리아 형성을 억제함으로써 부패를 최대한 막는 것이다. 이 네 가지 저장법은 기원전부터 사용된 인류의 오랜 지혜가 담긴 산물이다.

　그러나 한 가지 문제가 있다. 바로 원재료의 맛이 크게 변한다는 점이다. 재료를 소금으로 절이면 삼투압 현상으로 인해 재료 안의 수분이 빠지고 염분이 침투한다. 재료는 건조해지고 짠맛이 감돌게 된다. 이탈리아의 프로슈토나 스페인의 하몬과 같은 생햄은 보존력을 얻는 동시에 원재료의 풍미가 완전히 달라진 대표적인 예다. 마찬가지로 훈제과정을 거치면 훈연 향이 스며들면서 원재료의 맛과 향이 달라진다.

　기빙이 획기적이었던 것은 본래의 청어 맛을 가능한 한 보존한 채 저장성을 높였다는 점이다. 청어가 소금물에 담기면 삼투압 현상으로 염분과 수분이 함께 재료 안으로 침투한다. 소금물 안에서 청어는 마르지 않고 촉촉함이 유지된다. 오늘날 염지^{Brining}라고 부

르는 방법이다. 염지법은 빌럼이 기빙을 고안하기 전부터 사용돼
왔다. 멀리 갈 필요도 없이 치즈를 만드는 데 필수 과정이 바로 염
지다. 효소를 이용해 굳힌 우유 덩어리를 염지액에 충분히 담갔다
가 저장해 발효시키면 우리가 아는 경질 치즈가 완성된다. 치즈에
짠맛이 감도는 이유가 여기에 있다. 네덜란드에서는 오래전부터
치즈를 만들어왔으니 빌럼이 여기서 힌트를 얻지 않았을까 추측
된다.

네덜란드의 아이콘이 된
하링

　　　　　　　　　통에 담겨 소금물에 절인 청어는
식초에 절이거나 훈연한 것과 달리 신선한 상태의 청어와 가까운
맛을 낸다. 이 때문에 당시 네덜란드산 청어가 유럽 전역에서 큰
인기를 끌 수 있었다. 네덜란드 전통 음식 중 대표적인 것이 바로
기빙 방식으로 절인 청어를 생으로 먹는 하링Haring이다.

북해에서는 매년 청어가 잡힌다. 5월 말부터 7월 초 사이에 잡
히는 청어는 지방 함량이 특히 높다. 6월부터 그해 잡힌 제철 청어
로 만든 하링을 맛볼 수 있는데 이를 '니우어 하링Nieuwe haring'이라
고 한다. 요즘은 제철에 잡힌 청어를 급속 냉동시킨 후 유통하므로
연중 살이 통통하게 오른 하링을 맛볼 수 있다.

하링을 만드는 법을 살펴보자. 먼저 기빙 전용 칼을 이용해 싱
싱한 청어의 아가미와 내장을 제거한다. 이때 머리와 유문 맹낭
이라는 소화 효소가 풍부한 내장 부위는 남겨둔다. 여기서 하링의
독특한 풍미가 만들어지기 때문이다. 부산물로 나오는 청어 알은
까맣게 물들여 캐비어 대용품으로도 쓰인다. 손질한 청어를 염도
20퍼센트의 소금물을 채운 나무통에 담가두면 준비는 끝이다. 나
무통에 담긴 청어는 약간의 발효과정을 거치는데 5일 정도 지나면
먹을 수 있는 하링이 완성된다. 청어를 극단적으로 발효시킨 게 악

취 음식으로 악명이 높으면서 동시에 탐식가들의 사랑을 받는 스웨덴의 '수르스트뢰밍Surströmming'이다. 한 차례 발효시킨 청어를 통조림에 넣고 그 안에서 1년가량 더 발효시킨 뒤 먹는다.

하링은 네덜란드뿐 아니라 인근 벨기에에서도 쉽게 접할 수 있다. 네덜란드만큼 청어를 즐겨 먹는 폴란드와 러시아, 체코 등 내륙 지역과 북유럽에서는 하링보다 식초에 절인 청어를 주로 소비한다. 초절임 청어를 샐러드에 넣어 먹거나 다른 주요리에 곁들이는 식이다. 맛은 일본식 고등어 초절임 시메사바와 비슷하다.

풍미 가득한
하링의 맛

하링은 주문 즉시 그 자리에서 소금물에 담긴 청어를 꺼내 손질하는 것이 정석이다. 미리 손질해놓으면 맛과 색이 금방 변한다. 소금물에서 갓 꺼낸 청어의 머리를 자른 뒤 배를 갈라 남은 내장을 단번에 제거한다. 그런 뒤 껍질을 벗기고 필렛을 뜬 후 칼을 이용해 등뼈와 옆에 붙은 가시를 발라낸다. 이렇게 즉석에서 손질한 하링의 안쪽 면이 연한 핑크빛을 띠어야 최상의 품질이다. 행여 칙칙한 회색빛이 돈다면 십중팔구 미리 작업을 해놓았거나 신선하지 않은 것이다. 부드러운 감칠맛 대신 불쾌한 비린 맛이 날 가능성이 높다.

하링 한 접시를 주문하면 손질한 하링과 함께 잘게 썬 생양파와 피클 몇 조각이 얹혀 나온다. 빵 사이에 끼워 먹기도 하는데 하링의 맛을 제대로 느끼려면 그냥 먹는 게 낫다. 맛은 어떨까. 예상과는 달리 품질 좋은 신선한 하링은 비릿한 맛이 전혀 나지 않는다. 첫 느낌은 물컹하니 낯설지만 씹을수록 고소함과 감칠맛이 진하게 배어 나온다. 약간의 발효취가 나지만 품질 좋은 생치즈에서 나는 것과 비슷한 정도다. 같이 나온 양파를 곁들이면 느끼함이 좀 덜해진다. 여기에 피클로 마무리하면 입안에 맴돌던 생선 맛이 한번에 정리된다. 굳이 입안을 정돈하려고 박하사탕을 먹지 않아도 된다.

하링을 청어 과메기와 비교하기도 하는데 둘은 맛도, 만드는 방법도 전혀 다른 음식이다. 바닷바람에 말리는 과메기는 건조하고 풍미가 매우 강한 반면, 하링은 잘 숙성된 연어나 참치회를 먹는 듯 고소하면서 부드러운 맛이 난다.

청어 수출로 부를 거머쥔 네덜란드는 해상무역의 대명사가 됐지만 사실 네덜란드라는 나라는 15세기 이전에는 아예 존재하지도 않았다. 크고 작은 도시들이 연합해 스페인의 지배로부터 독립해 세워진 신생 국가로 독립을 선포한 지 한 세기가 지난 17세기가 되어서야 비로소 국제 무대에서 국가로 인정받았다. 그럼에도

네덜란드가 한때 전 세계 바다를 호령할 수 있었던 것은 청어가 든든한 밑천이 되어준 덕분이었다. 네덜란드 상인들은 쌓은 부를 통해 귀족들로부터 도시의 자치권을 획득했고 급기야 자신들의 손으로 왕을 직접 선택하기도 했다. 네덜란드가 강성해지자 이를 경계한 스페인 왕국은 유럽 각국과 연합해 네덜란드와의 무역을 봉쇄하기 시작했다. 설상가상으로 이 시기 북해 지역의 청어 수확이 급격히 줄어들자 네덜란드 상인들은 다른 수입원을 찾기 위해 유럽 바깥으로 눈을 돌릴 수밖에 없었다. 그렇게 만들어진 것이 세계 최초의 주식회사인 동인도회사다. 네덜란드 상인이 신대륙부터 동아시아까지 진출할 교두보 역할을 한 이 회사는 각종 수탈의 원흉이 되기도 했다. 이쯤 되면 청어가 네덜란드뿐 아니라 인류 역사에 지대한 영향을 주었다고 해도 무리가 없지 않을까. 아, 물론 우리의 어부 빌럼 씨의 공도 잊어서는 안 되겠지만 말이다.

20

그라블락스의
변신은 무죄

사랑의 첫 번째 조건은 상대방을 있는 그대로, 편견 없이 받아들이는 것이라고 한다. 음식을 사랑하는 '애식가'도 마찬가지. 식재료와 조리 방법에 대한 편견을 버리고 그 음식과 배경을 존중하는 마음으로 대하면 어떤 요리든 사랑할 수 있을 것이다. 세계 최악의 악취를 자랑한다는 수르스트뢰밍이면 어떻고 홍어면 어떠랴. 중요한 건 입맛에 맞느냐 맞지 않느냐가 아니라 경험의 지평을 조금 더 넓혔느냐의 차이이지 않을까. 어떤 음식을 먹어보지 않고 싫어한다는 것은, 사람을 겪어보지도 않고 그냥 싫어하는 것과 다를 바 없으니 말이다.

여기 비운의 음식이 하나 있다. 바로 북유럽을 대표하는 식재료 연어로 만든 그라블락스Gravlax(스웨덴)다. 노르웨이에서는 Gravlaks, 덴마크에서는 Gravad lax라고 부르는 이 요리는 생연어를 설탕과 소금, 허브인 딜Dill에 버무려 약 사흘간 재운 뒤 얇게 썰어낸 음식이다. 연기에 훈제한 연어와는 달리 훈연 향이 없어 향에 민감한 사람들도 부담 없이 먹을 수 있고, 생연어에 비해 진한 감칠맛이 나는 것이 특징이다. 만들기도 간편해 가정에서 특별한 날 손님을 대접하기에도 좋아 그라블락스는 전 세계인이 사랑하는 음식이다.

그런데 비운의 음식이라니. 사실 원래의 그라블락스는 지금과 많이 다른 맛과 형태를 갖고 있었다. 이름에서도 알 수 있듯 땅속에 묻은Grav 연어Lax를 뜻하는 그라블락스는 전통적으로 연어를 해안가에 묻어 발효시킨 음식이었다. 값비싼 소금은 최소한으로 쓰고 자작나무 껍질에 연어를 싼 뒤 냉장고 대용으로 차갑고 습한 땅속에 묻어 보관했다. 냉장고가 없던 시절 할 수 있는 보관법이었다. 땅속의 낮은 온도와 약간의 소금, 그리고 자작나무 속 성분이 화학작용을 거치면서 쿰쿰한 발효 향을 내는 생선 그라블락스가 만들어졌다.

오늘날 그라블락스는 전통 방식처럼 땅속에 묻지 않는다. 대신 설탕과 소금에 묻는 '드라이-큐어링Dry-curing' 방식을 쓴다. 여기에 첨가되는 미나릿과의 허브인 딜은 향과 맛을 더할 뿐 아니라 박테리아 생성을 억제해준다. 딜은 북유럽 요리에서 빼놓으면 섭섭할 정도로 광범위하게 쓰이는 허브다. 이탈리아에 파슬리가 있다면 북유럽은 단연 딜이다. 그라블락스 하면 딜로 뒤덮인 향긋한 연어를 떠올리지, 아무도 땅속에 묻어 퀴퀴한 향을 내뿜는 반쯤 발효된 생선 요리라고 생각지 않는다. 굳이 비유하자면 원래 묵어야 제맛인 김치가 겉절이에 불과한 기무치로 뒤바뀌어 전 세계의 인정을 받는 것이라고 할까. 원래의 그라블락스가 보면 무척 서운해할 일이고, 땅속에 묻어 발효시킨 연어의 맛이 좀처럼 궁금한 나로서도 실로 원통하고 애석할 따름이다.

그렇다면 바이킹의 후에 북유럽 사람들은 이에 대해 어떻게 생각할까, 왜 전통 방식으로 만들지 않는 것일까 궁금했다. 노르웨이 베르겐 어시장에서 '원조 그라블락스'를 찾아 나섰다. 상인들 대부분은 그런 걸 왜 궁금해하는지 신기하게 여겼고, 심지어 전통 방식의 그라블락스에 대해 처음 알았다는 노르웨이 사람도 만났다. 대체 그라블락스에게 무슨 일이 벌어진 걸까. 답을 찾지 못해 아쉬워하던 중 한 생선가게 아저씨가 껄껄 웃으며 말했다. "맛이 없으니까 그런 거 아니겠어?"

그랬다. 땅속에 묻어 발효시킨 정통 그라블락스는 설탕과 소금, 딜에 묻어 절인 그라블락스와의 맛 대결에서 진 것이다. 강하고 자극적인 맛보다 섬세하고 부드러운 맛을 더 선호하는 사람들의 입맛에 따라 그라블락스도 변했다. 옷을 갈아입은 그라블락스는 그 심플한 제조법과 세련된 맛 덕분에 전 세계적으로 사랑받는 북유럽 음식으로 자리 잡을 수 있었다. 같은 생선 발효 음식인 락피스크Rakfisk와 스웨덴의 수르스트뢰밍, 아이슬란드의 하우카르들Hákarl 등은 국경을 벗어나지 못하고 소수의 사람에게 별미로 겨우 존재하고 있는 것과는 비교된다.

전통이니 오리지널이니 하는 것은 사실 신기루를 좇는 것과 다름없다. 수백 년 전 방식 그대로 요리를 한다고 한들 당시의 그 맛이 맞는지 확인해줄 사람도 없을뿐더러 그것이 지금 사람들의 입맛에 꼭 맞으리란 법도 없으니 말이다.

21

사슴 버거

드셔보실래요?

　　　　　　　　　　　　　인종, 성별, 민족, 종교 간 차별
만큼이나 없어져야 하는 것은 음식에 대한 편견과 차별이다. 어
떤 식재료로 만든 음식이든 먹는 사람을 별종 취급한다든가 미개
하다거나 야만적이라고 여기지 말아야 한다. 미국의 문화인류학
자 마빈 해리스는 "음식 선호와 기피는 음식 자체의 본질이 아니
라 사람들의 근본적인 사고 유형에서 그 이유를 찾아야 한다"고 했
다. 사회적 합의 또는 규칙에 의해 먹으면 안 되는 것으로 규정되

는 음식이 있을 뿐 원래부터 먹으면 안 되는 음식이란 없다는 지적이다. 해리스에 따르면 이슬람 문화권에서 돼지고기를 금기하는 것은 돼지 자체가 불결하고 나쁘기 때문이 아니다. 사람 먹을 곡식도 부족하니 돼지를 곡식 먹여 키우는 것은 사치였고, 그 외에도 뜨거운 기후에서 돼지를 키우기 위해서는 많은 노력과 자원이 필요했다. 돼지를 키우는 데 따르는 사회적 비용이 컸던 까닭에 아예 금기시된 사례다. 중세 유럽의 말고기도 마찬가지다. 이교도로부터 가톨릭 세력을 지키기 위해서는 많은 말이 필요했기에 교회는 칙령을 통해 말고기 거래를 전면 금지했다. 전력을 위해 동원되는 말이 도축되는 것은 결국 군사력 감소를 의미했기 때문이다. 돼지는 원래 불결한 짐승이라든가 말은 인간의 친구라거나 하는 이미지는 사회문화적 필요에 의해 생겨난 금기 위에 덧씌워진 포장에 불과하다.

이처럼 한 음식은 역사적·문화적 배경에 둘러싸여 있다. 그러므로 어떤 음식을 먹는다는 것은 역사와 문화를 이해하는 가장 원초적인 행위라고도 할 수 있다. 거창하게 이야기했지만 사실 음식을 한 점 집어 먹는다고 해서 그 문화를 단박에 이해하게 되는 것은 아니다. 왜 이들은 이런 음식을 먹고 이런 조리법을 이용해 요리를 해 먹는지에 대해 약간의 호기심을 가지고 접근한다면 한 접시에 담긴 그들의 역사와 문화를 엿볼 수 있다.

스칸디나비아인과 사슴고기

스웨덴과 노르웨이를 거닐면서 인상적이었던 것은 다른 지역에서 흔히 볼 수 없었던 사슴고기가 자주 눈에 띄었다는 점이다. 정육점을 가도 소, 돼지, 양 그림과 함께 사슴 그림이 진열장 한켠을 당당히 차지하고 있었다. 소시지나 살라미를 파는 가공육 상점에서도 마찬가지다.

북유럽에서 식재료로 사용되는 사슴은 엘크^{Elk}와 순록 두 종류다. 사슴이라고는 하지만 우리가 쉽게 떠올리는 꽃사슴의 모양새를 생각해서는 곤란하다. 엘크와 순록은 소에 가까운 덩치를 자랑한다. 둘 다 같은 사슴과이지만 종은 다르다. 군이 비유하자면 고양잇과의 호랑이와 사자의 차이 정도랄까. 우리가 잘 알고 있는 빨간 코의 루돌프 사슴은 순록이고 애니메이션 「겨울왕국」에 나오는 사슴 스벤은 엘크라고 한다면 이해가 빠를까. 엘크와 순록은 생물학적으로 차이가 있지만 여기서는 편의상 '사슴'으로 묶겠다.

시간을 거슬러 고대 스칸디나비아반도로 가보자. 원시 게르만족의 삶의 터전이었던 이곳은 겨울이 유난히 길었다. 겨울에도 흔히 볼 수 있는 야생의 순록과 엘크는 혹독한 추위를 버틸 수 있게 하는 귀중한 식량 자원이었다. 사슴고기는 소나 닭에 비해 단백질 함량 비율이 높아 영양가 측면에서도 좋은 식재료다. 부산물인 뿔로는 각종 도구와 연장을 만들고 털가죽은 옷감과 자재로 활용됐다. 사슴은 스칸디나비아인의 역사와 함께 해온 전통과 문화의 상징인 셈이다. 과거에는 겨울철 생존을 위해 야생의 사슴을 사냥했지만 현재는 다른 가축과 마찬가지로 목장에서 대규모로 방목한다. 야생 사슴 사냥은 잊혀가는 전통문화로 명맥만 간신히 유지하고 있는 상황이다.

사슴고기는 미국과 캐나다 등 북미 지역과 북유럽권에서 특히 많이 소비된다. 대개 덩어리째 스테이크로 요리하거나 푹 익힌 스튜로 먹는다. 스테이크로 구운 사슴고기의 맛은 쇠고기에 비해 냄새가 덜하고 단맛이 더 감돈다. 말고기나 당나귀 고기와 비슷한 맛이랄까. 엘크가 더 맛있느냐 순록이 더 맛있느냐를 두고 논란이 있지만 어느 정육점을 가든 엘크를 더 추천한다. 육향이 좀더 강한 탓에 고기 맛이 더 진하다고 한다. 쇠고기나 돼지고기처럼 등심과 안심은 구이용으로 사용되며 덩어리째 햄으로도 가공된다. 발골을 거친 자투리 부위들은 소시지가 되거나 햄버거용 패티로 변신한다.

엘크와 순록으로 만든 햄은 맛이 꽤나 독특하다. 돼지로 만든 햄과 달리 짜고 시큼한 맛이 강하다. 그 강도는 순록보다 엘크 쪽이 한 수 위다. 미리 말해두건대 이탈리아의 살라미를 생각하고 엘크 햄이나 소시지를 맛보면 당혹스러움에 몸서리칠지도 모른다. 그래도 현지 사람들처럼 치즈와 함께 빵에 끼워서 먹으면 괜찮은 간식거리가 될 것이다.

길거리 음식이 끔찍할 정도로 많지 않은 겨울철 북유럽에서 그나마 심심찮게 찾아볼 수 있는 것이 엘크와 순록으로 만든 햄버거다. 프랜차이즈 햄버거집에서 느낄 수 있는 맛의 범주를 크게 벗어나지 않으므로 맛이나 향에 대해 거부감을 가질 필요는 없다. 중요한 것은 색다른 음식을 먹는다는 경험 아닐까. 북유럽 길거리에서 이런 음식을 먹을 수 있다는 것에 감사할 따름이다.

브라질이 자랑하는 세계적인 셰프 알렉스 아탈라는 "마음을 열면 그 어떤 재료도 맛있는 음식이 된다"고 했다. 북유럽을 거닐다 엘크와 순록 요리를 만나면 '귀여운 스벤과 루돌프를 잡아먹다니 야만적이야' 하는 편견은 부디 버리고 한번 도전해봤으면 한다. 마음을 열면 몰랐던 신세계가 펼쳐질지 모른다.

ELGBUR

en Mat
udbrandsdalen

22.

잿물에 담근
생선 요리,
루테피스크

어떤 한 음식의 역사를 쫓다 보면 흥미로운 사실들을 알게 된다. 서로 자신이 정통이라고 주장을 하는 음식들도 있고, 알에서 태어났다는 인물들의 건국 설화에 맞먹을 만큼 신비롭고 재미있는 이야기를 담고 있는 것도 있다. (결국 유래는 아무도 모른다는 이야기다.) 그중 하나가 바로 북유럽의 독특한 음식인 잿물^{Lut}에 담근 물고기^{Fisk}, 루테피스크^{Lutefisk}다. 생김새만 보면 보통의 흰 살 생선 요리와 별다를 게 없다. 무엇이 이 평범해 보이는 요리를 특별하게 하는 것일까.

루테피스크를 만드는 과정을 따라가보자. 우선 잘 말린 대구를 잿물에 4~5일간 담가놓는다. 강한 알칼리성을 가진 잿물 안에서 대구의 단백질이 용해된다. 이쯤 되면 대구는 흐물거리는 젤리처럼 변하는데 이걸 조심스럽게 찬물에 이틀 동안 다시 담근다. 기본 준비는 끝났다. 여기에 버터를 발라 굽거나 쪄서 먹는 요리가 바로 루테피스크다. 우리가 겨울만 되면 과메기를 별미로 먹듯, 노르웨이를 비롯한 스웨덴(Lutfisk), 핀란드(Lipeäkala), 덴마크(Ludefisk) 등지에서 겨울, 특히 크리스마스 시즌에 맛볼 수 있는 특별한 음식으로 통한다.

그런데 잿물이라니. 그렇다. 마시면 죽는다는 양잿물 할 때 그 잿물이다. 그러나 안심하시라. 인체에 해는 없다. 이렇게 살아서 글 쓰고 있다는 것이 그 증거 아니겠는가. 북유럽인들은 도대체 왜 이런 경악스럽다 못해 엽기적인 방법을 대구 요리에 사용하게 된 것일까.

루테피스크에 얽힌
흥미로운 전설들

루테피스크의 유래에 대해 전설처럼 내려오는 이야기가 있다. 두 가지인데 모두 바이킹과 관련 있

다. 첫 번째 전설은 이렇다. 과거 스칸디나비아반도에 거주하던 바이킹에게 대구는 중요한 식량이자 상품이었다. 이들은 잡은 대구를 마당에 설치한 나무 건조대에 널어 말렸다. 이렇게 말린 대구를 갈아서 가루로 만들거나 국에 넣고 끓여 먹으며 긴 겨울을 났다. 그러던 어느 날, 한 마을에 다른 부족이 침략해왔다. 많은 건물과 건조장이 불에 타는 등 일대가 순식간에 아수라장으로 변했고 엎친 데 덮친 격으로 폭우가 쏟아졌다. 침략을 피해 달아났다가 돌아온 마을 사람들은 자신들의 보금자리가 잿더미와 흙탕물로 뒤덮여 있는 것을 보고는 망연자실했다. 행어 먹을 것이 없나 살펴보던 중 잿물과 흙탕물에 처박혀 나뒹굴던 대구를 발견했다. 산 입에 거미줄 칠 수도 없어 잿물에 불어 흐물흐물해진 대구를 물에 잘 씻어 먹으며 허기를 달랬던 것이 루테피스크의 시초라는 설이다.

또 다른 이야기의 주인공은 아일랜드에 기독교를 전파한 성인으로 잘 알려진 성 패트릭이다. 그는 시도 때도 없이 아일랜드를 침략해 약탈을 자행하는 바이킹 때문에 하루도 편할 날이 없었다. 그래서 궁리해낸 게 바이킹을 독살하자는 것. 성 패트릭은 바이킹이 좋아하는 대구를 잿물에 담근 후 진귀한 음식이라 속여 갖다 바쳤다. 그런데 맛을 본 바이킹이 죽기는커녕 오히려 좋아하는 게 아닌가. 흐물흐물해진 대구의 독특한 풍미에 바이킹은 흡족해했고 이내 고향으로 돌아가 대구를 잿물에 담가 먹기 시작한 것이 루테피스크의 기원이라는 이야기다. 독살설은 매력적이지만 사실로 보기는 힘들다. 성 패트릭이 살았던 시대는 4세기경이고, 바이킹이 아일랜드를 침입해 약탈하던 시기는 8~9세기다. 짧게 잡아도 400년이나 차이가 난다. 그리고 무엇보다 성인 반열에 든 신실한 종교인이 그처럼 극악무도한 대량 살상을 계획했을 리 없지 않겠는가.

더 신빙성 있어 보이는 이야기도 있다. 잘 염장해 말린 상등품

의 대구와 달리 저품질의 말린 대구는 삶는 시간이 비교적 더 오래 걸렸다. 그만큼 땔감인 연료가 많이 소모됐다는 의미다. 중세 북유럽인들에게는 땔감은 식량 못지않게 겨울을 나는 필수품이었던 터라 함부로 낭비할 수 없었다. 말린 대구를 삶는 시간을 단축시키고자 물에 재를 푸는 방법을 썼고 그것이 오늘날 루테피스크의 형태로 전해져왔다는 것이다. 앞의 두 가지보다는 그래도 더 현실감 있어 보이는 이야기다.

겨울 별미 루테피스크

루테피스크는 주로 겨울에 먹는 북유럽 전통 요리다. 곁들여 먹는 음식이나 조리법은 나라마다 비슷하면서도 조금씩 다르다. 노르웨이는 전통적으로 반숙한 루테피스크에 삶은 감자와 으깬 완두콩, 버터, 구운 베이컨, 캐러멜 맛이 나는 갈색의 염소치즈를 곁들여 먹는다. 스웨덴은 여기에 딸기유와 베샤멜소스를 첨가한다.

루테피스크의 맛은 어떨까. 노르웨이식 루테피스크에 나이프를 갖다 대자 스르륵 쉽게 잘린다. 마치 푸딩을 자르는 듯한 느낌이다. 포크에 잘 고정도 되지 않는 루테피스크를 한 점 입안에 넣어보니 식감도 영락없는 젤리다. 포르투갈의 바칼라우와 친척뻘

되지만 식감만큼은 완벽히 남아다. 잿물에 절였다고 해서 곰삭은 생선의 향이나 비릿한 냄새가 날 거라 생각했지만 전혀 그렇지 않았다. 원래의 루테피스크는 우리 홍어에 견줄 만큼 특유의 냄새를 자랑하는 음식이다. 그러나 점차 사람들의 입맛에 맞춰 냄새가 덜 나는 루테피스크로 바뀌어갔다. 맛을 보니 대구의 맛이 은은하게 느껴졌다. 먹고 있는 것이 대구 맛이 나는 젤리라고 해도 어색하지 않을 정도다. 젤리처럼 변한 대구살의 맛이 튀지 않아 곁들이는 재료와 위화감 없이 잘 어우러진다. 주연이면서 조연들을 돋보이게 만든다고 할까. 포르투갈의 바칼랴우가 쫄깃한 식감과 구수한 향으로 존재감을 한껏 뽐내는 것과는 달리 루테피스크는 차분하고 섬세한 맛으로 겸손하게 고개를 숙이는 듯하다. 그러면서 오히려 긴 여운을 준다.

한 접시를 다 비우고 나니 문득 이 루테피스크 같은 사람이 되고 싶다는 생각이 들었다. 온몸이 으스러지는 혹독한 경험을 했지만 스스로를 앞으로 내세우지 않는 사람. 바칼랴우처럼 강렬한 인상을 주진 않지만 적어도 함께 접시에 놓인 친구들과 함께 맛을 만들어낼 줄 아는 그런 사람 말이다.

23.

정육식당의
재발견

여행을 오래 하다 보니 자연스럽게 습득하게 된 일종의 통찰이랄까. 데카르트의 '나는 생각한다. 그러므로 존재한다'라는 '코기토 Cogito' 명제에 견줄 만한 한 가지 사실을 깨우쳤다. 바로 유명 관광지 근처의 식당치고 맛 좋은 식당을 찾기란 쉽지 않다는 사실이다. 추론컨대 유동 인구가 많으니 굳이 맛있지 않아도 사람들이 제 발로 찾아와 먹는다. 그렇다 보니 평판이 중요하지 않고, 따라서 최고급 레스토랑이 아니고서야 특별히 공을 들여 맛있는 음식을 만들 이유도 없는 게 아닐까.

정말 이건 아니다 싶은 음식을 수차례 겪다 보니 나름의 노하우가 생겼다. 낯선 곳에서 식당을 찾을 때는 현지인들에게 어디서 밥을 사 먹는지 물어본다. 지나가는 사람은 나와 같은 관광객일지 모르니 가게 주인이나 종업원을 노리는 편이다. 열에 아홉은 친절하게도 자신들이 알고 있는 단골집을 알려준다. 알려준 곳을 더듬더듬 찾아가다 보면 일부러 오지 않고서야 미처 알지 못했던 풍경과 마주치는 행운이 따르기도 한다. 더 좋은 건 그렇게 찾아간 곳의 맛이 기막힐 정도로 좋을 수 있다는 것이다. 실패한들 어떠랴. 그것 또한 여행의 한 경험이다. 우연과 불확실성이 여행의 묘미이니 말이다.

유럽에서도 손꼽히는 관광지인 체코 프라하에서도 이 방법을 써먹었다. 그렇게 찾게 된 곳이 나세 마소^{Naše maso}. 체코 골목을 누비다 보면 마소^{Maso}라고 적힌 간판이 눈에 흔히 띄는데, 우리말로 고기, 정육점이라는 뜻이다. Naše Maso를 직역하면 '우리 정육점'쯤 되겠다. 요즘 한국에서도 널리 알려진 드라이에이징 방식을 이용한 '프리미엄' 정육을 판매하는 곳이다.

고기 맛을 더해주는
드라이에이징

에이징에 대해 잠시 짚고 넘어가자. 모든 고기는 시간이 지남에 따라 고기 속 효소의 작용으로 부패한다. 에이징, 즉 숙성은 말이 근사할 뿐 결국 인위적으로 부패 과정을 통제한다는 의미다. 시기는 명확하지 않지만 1960년대에 바로 잡은 고기보다 통째로 며칠 매달아놓은 고기가 더 부드럽고 맛있다는 사실이 알려지면서 숙성 시장의 문이 열렸다. 숙성 방법은 크게 두 가지로 구분된다. 습식인 웨트에이징Wet-aging과 건식인 드라이에이징Dry-aging이다. 습식 숙성은 그 효과에 대해 논란이 일기도 하지만 일반적으로 진공 포장에 싸인 고기에서 일어나는 숙성을 의미한다. 온도만 어느 정도 유지되면 되므로 크게 통제할 부분이 없다. 건식은 좀 복잡하다. 일정한 온도와 습도가 유지되는 공간이 필요하다. 상황에 따라 다르지만 보통 섭씨 1~3도, 습도 60~80퍼센트를 유지할 수 있고 내부 공기가 순환될 수 있는 공간에 고기를 보관한다. 낮은 온도에서 단백질과 지방을 분해하는 효소가 적당히 활동할 수 있는 환경이 조성되면 준비는 끝난다. 인고의 시간이 지나면 고기가 갖고 있는 풍미가 놀랄 만큼 향상되는 마법 같은 일이 벌어진다. 숙성과정에서 단백질 연결 고리가 끊어져 고기는 더욱 부드러워지고, 수분이 증발함에 따라 맛과 향이 응축

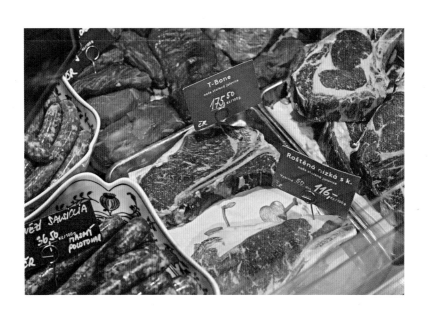

된다. 이렇게 건식 숙성된 고기는 숙성하지 않은 고기에 비해 풍미가 유난히 진하다. 드라이에이징 쇠고기의 경우 최소 30일은 놔둬야 맛이 제대로 드는데 몇몇 스테이크 전문점은 최장 300일 동안 숙성시킨 드라이에이징 스테이크를 내놓기도 해 미식가들의 혀를 사로잡는다.

숙성육 전문점으로
두각을 나타내다

　나세 마소의 마스터 버처[Master butcher]인 프란지제크 크샤나는 일찍이 푸주한인 아버지의 정육점에서 일을 시작했다. 타고난 입담을 가진 그는 단골손님들의 사랑을 한 몸에 받았다. 단골손님들은 그가 처음 숙성시킨 돼지고기를 선보였을 때 큰 거부감 없이 비싼 값을 주고 숙성 고기를 샀다. 숙성육 판매에 자신감을 얻은 그는 독일에서 정육 기술을 배운 유학파 직원들과 함께 본격적으로 숙성육 전문점을 표방한 나세 마소를 열었다. 창업 스토리도 재미있지만 이곳이 인상 깊었던 점은 다른 데 있다. 발골하는 작업장과 정육을 파는 매대, 그리고 그 재료로 음식을 만드는 공간, 식사하는 공간이 한곳에 모여 있다는 점이다. 우리 식으로 치면 일종의 정육식당이다. 공간 비율을 볼 때

정육 판매에 더 무게를 두고 있지만 손님이 원한다면 즉석에서 조리된 스테이크, 햄버거, 소시지 등을 맥주와 함께 맛볼 수 있다. 15석 남짓한 좁은 공간임에도 사람이 꽤나 몰렸다.

　이곳에서 가장 인기 있는 드라이에이징 햄버거를 주문해봤다. 비교를 위해 숙성하지 않은 고기로 만든 햄버거도 함께 주문했다. 주문 오더가 들어가자마자 매대 뒤로 훤히 내다보이는 주방에서 고기 다지는 경쾌한 소리가 들린다. 음식을 기다리는 동안 분주하게 움직이는 주방을 보는 것도 재미다. 이윽고 치익— 하고 패티 굽는 소리가 노랫가락처럼 울려 퍼졌다. 고기 굽는 냄새가 쉴 새 없이 코를 자극하는 동안 입안에서는 내내 군침이 돌았다. 잠시이지만 영원과도 같았던 시간이 지나고 주문한 햄버거가 나왔다. 햄버거 안에 들어 있는 고명은 문자 그대로 약간의 피클과 양파, 그리고 아주 조금 묻어나 있는 소스가 전부. 쉽게 접할 수 있는 글로벌 패스트푸드 체인점의 햄버거가 얄팍한 패티의 약점을 가리려는 듯 간이 세고 자극적인 소스로 뒤범벅돼 있다면, 이곳의 햄버거는 오직 패티, 고기가 전부라고 말하는 듯하다. 피클과 양파는 고기 맛에 질리지 않을 정도로 최소한의 역할을 하고 있었다. 과함과 덜함 사이의 균형을 아슬아슬하게 잡고 있었던 것이다. 맥주를 절로 부르는 맛이며, 한 끼 식사로도 손색없었다.

　신선한 고기들이 즐비한 매대와 그 재료들로 즉석에서 요리하

는 광경을 보노라면 자연히 내가 먹게 될 음식에 대한 신뢰와 기대가 무한히 커진다. 식사 경험이 단지 눈앞의 음식과 나 사이에 이뤄지는 것이 아니라, 음식을 먹는 공간 전체가 하나의 식사과정이자 매혹적인 경험으로 다가와 이곳을 더욱 특별하게 한다.

24.

프렌치프라이의
원조를 찾아 떠나는
기묘한 모험

고백건대 벨기에 땅에 발을 딛게
된 이유는 순전히 맥주 때문이었다. 시칠리아에서 한창 일할 때였
다. 하루를 마감한 뒤 지친 몸을 이끌고 자주 가던 바에서 우연히
벨기에산 맥주를 맛본 것이 이 모든 것의 시작이었다. 홉 향 가득
한 페일 에일 계열의 맥주 중 벨기에의, 특히 수도원 맥주라 불리
는 트라피스트Trappist 맥주의 맛은 황홀함 그 자체였다. 그 맛을 잊
지 못해 유럽 어딜 가더라도 벨기에 맥주가 있는지 찾아보는 버릇

이 생겼다. 마음속으로는 항상 맥주의 천국 벨기에에 연정을 품었다. 어느 날 무언가에 홀린 듯 나는 어느새 브뤼셀 공항에서 입국 심사를 하고 있었다.

맥주 맛에 반해 찾아온 벨기에였지만 정작 벨기에에서 맥주를 거의 마시지 못했다. 계속되는 여행에 몸 상태가 말이 아니었고, 벨기에는 물가가 워낙 비싼 도시라 현지에서 마시든 옆 나라에서 마시든 별 차이가 없어 매력이 떨어지기도 했다. 무엇보다 벨기에에 머무를 수 있는 시간이 많지 않았다. 벨기에 하면 딱히 떠오르는 음식이 없어 여유롭게 맥주나 마시다가 갈 생각이었다. 막상 가보니 그것은 완전한 나의 착각이었다. 벨기에에 먹을 게 없다고 누가 그랬던가.

유럽 음식 문화와 종교

음식 하나만 놓고 보자면 벨기에는 인근 프랑스나 이탈리아, 스페인 등과는 비교도 되지 않을 정도다. 음식이 하나의 국가 경쟁력으로 자리 잡은 나라들에 비해 음식 문화가 딱히 풍성하지 않다는 의미다.

유럽의 요리를 국가별로 무 자르듯 딱 잘라 구분하긴 어렵지만 굳이 잘라본다면 크게 세 축으로 나뉜다. 이탈리아나 스페인과 같은 남유럽 라틴 문화권의 요리가 한 축이고, 프랑스·독일·영국·네덜란드와 북유럽을 아우르는 게르만 문화권이 다른 한 축이다. 마지막으로 헝가리·체코·러시아 등 동유럽의 슬라브 문화권이 있다. 유럽 지역의 국가들은 오랜 시간 서로 영향을 받아왔기에 '이 나라의 요리는 이것이다'라고 딱 잘라 정의하기 어려운 부분이 많다. 나라별로는 구분하기 힘들어도 문화권으로 크게 나누어보면 공통점이 보인다. 이런 의미에서 벨기에 요리는 독일과 네덜란드 등 청교도적 가치관을 지닌, 소박함을 중시하는 게르만 문화권에서 공통되게 보이는 요리가 주를 이루고 있다.

프랑스의 역사학자 플로랑 켈리에는 중세부터 근대에 이르기까지 종교가 유럽의 식탁에 끼친 영향이 매우 크다고 설명한다. 가톨릭 사회에서 식사란 미각적 쾌락, 풍요로움, 친밀감 등을 필수 요소로 하는 반면 프로테스탄트, 즉 청교도 사회의 식사에서는 청빈함, 영양학적 중요성 등이 강조됐다. 게르만 문화권이지만 가톨릭 사회였던 프랑스는 화려하고 독창적인 음식 문화를 발달시킬 수 있었던 데 비해, 종교개혁 이후 프로테스탄트가 압도적이었던 다른 게르만 문화권, 즉 독일·네덜란드, 그 외 북유럽 국가에서는 소박한 식단이 전통으로 이어져 내려왔다. 비옥하고 온화한 기후 덕에 농산물이 풍부한 남부 유럽과 상대적으로 그렇지 않은 중북부 유럽의 지정학적 차이로도 볼 수 있지만, 무엇보다 사회 분위기를 결정지었던 기독교 종파의 차이가 결정적인 역할을 했다는 관점이다.

오랜 역사를 자랑하는 다른 유럽 국가와 비교해 벨기에는 그 역사가 짧다. 나폴레옹이 유럽을 한 차례 뒤흔든 이후인 1830년, 네덜란드의 변방이었던 벨기에는 주변 강대국들의 이해관계로 인해 떠밀려 독립을 맞았다. 아래로는 프랑스, 위로는 네덜란드, 옆으로는 독일, 그리고 바다 건너 영국 사이에 끼어 있는 터라 이들 사이에서 완충지대 역할을 할 중립국으로 세계무대에 등장한 것이다. 이것은 유럽연합의 본부가 벨기에에 위치하게 된 이유이기도 하다. 우리처럼 단일 민족국가로 출발한 것이 아니라서 언어도 프랑스어·독일어·네덜란드어 세 종류를 쓰는데 요리도 이 세 국가의 요리와 비슷한 점이 많다. 독일처럼 소시지와 감자를 이용한 소박한 요리부터, 닭고기·쇠고기를 와인 또는 맥주에 졸인 스튜, 프랑스식 피순대인 부댕 등 인근 국가의 음식을 벨기에에서도 쉽게 찾아볼 수 있었다.

우리에게 잘 알려져 있지 않아 특별한 게 없는 듯하지만 사실 벨기에는 유럽에서 이름난 미식의 나라다. 오랫동안 유럽 요리계를 지배했던 프랑스 요리를 보고 배운 벨기에 요리사들이 고국에 돌아가 미식 문화를 주도했다. 그들은 고국 땅에서 나는 재료들과 북해 연안에서 잡은 싱싱한 해산물, 그리고 그들이 자랑하는 맥주,

초콜릿 등을 이용해 독창적인 벨기에식 요리를 만들어갔다. 이는 곧 프랑스식 요리 문법에 지루함을 느끼던 미식가들의 눈길을 끌었다. 세계적 수준의 레스토랑들이 다수 포진해 있는 벨기에의 수도 브뤼셀은 유럽의 미식 수도라는 호칭으로 불린다.

프렌치프라이 원조 논쟁

벨기에 요리 하면 빼놓을 수 없는 것이 물Moules, 즉 홍합을 이용한 요리다. 살이 꽉 차 있는 홍합에 양파의 일종인 샬롯, 샐러리, 파슬리, 버터, 그리고 화이트와인을 더해 가볍게 쪄낸 벨기에식 홍합 찜Moules marinière이 가장 대표적이다. 여기에 감자튀김을 곁들이면 벨기에가 자랑하는 물 프리트Moules frites가 완성된다. 홍합과 감자튀김이 과연 어울릴까 의심이 들지 모른다. 우리에게 감자튀김이란 기껏해야 햄버거나 소시지와 함께 먹는 간식이니 말이다. 한국에서 술안주로 천대받는 감자튀김이 이곳에서는 엄연한 한 끼 식사로 대접받는다. 당장 벨기에 요리를 검색해보면 우리가 프렌치프라이로 알고 있는 그 감자튀김의 원조가 벨기에라는 이야기가 눈에 띈다. 아니 또 이건 무슨 소리인가. 결론부터 말하자면 사실일 수도 있고, 아닐 수도 있다. 정확히는 프랑스와 서로 감자튀김의 원조라 주장하는 중이다.

벨기에 측 주장은 이렇다. 벨기에의 저명한 저널리스트 조 제라르에 따르면 1680년대 벨기에 지역의 뫼즈 벨리에서 감자튀김이 처음 만들어졌다. 이 지역에서 주식은 인근 강에서 잡은 생선을 튀겨 먹는 것이었다. 겨울철 강이 얼어붙어 생선 잡기가 힘들어지자 궁여지책으로 감자를 생선 크기만큼 잘라 튀긴 것이 시초다. 시간이 흘러 이 조리법은 다른 지역에서도 크게 유행했다. 제1차 세계대전 무렵 당시 벨기에에 상륙한 한 미군은 감자튀김을 맛보고는 크게 감명을 받는다. 그는 고국에 돌아가 감자튀김을 소개했는데 프랑스어를 쓰던 벨기에 지방을 프랑스로 착각해 감자튀김을 프렌치프라이로 부르게 됐다는 것이다.

꽤 믿을 만해 보이지만 반론이 만만찮다. 우선 감자튀김이 발명됐다던 그 지방에는 1735년까지 감자가 전해지지 않았다고 한다. 또 당시 가난한 농가에서 재료를 기름에 푹 담그는 '딥 프라잉'은 흔치 않았고 기껏해야 소테Sautéed(기름을 약간 두르고 굽는 조리법)을 했다는 점도 논란의 여지가 된다. 제1차 세계대전 이후 미국에 소개됐다고 하나 1856년에 나온 미국의 한 요리책에 이미 '프렌치프라이'라는 단어가 등장한다. 또 제1차 세계대전 당시 미군이 상륙한 지역에서는 감자튀김을 프렌치프라이가 아닌 플레미시 프라이Flemish fries라고 불렀다고 한다. 그리고 알다시피 제1차 세계대전은 1914년에 발발했다.

이번에는 프랑스 측의 주장을 살펴보자. 2013년 벨기에가 유네스코 문화유산에 프렌치프라이를 '벨지움 프라이'로 등재하려 하자 촉발된 '프-벨 간 감자튀김 논쟁' 당시 『르 몽드』지 기사에 따르면 1789년 퐁네프 다리 위의 노점에서 한 상인이 감자튀김을 처음 만들었다고 한다. 하지만 1755년 쓰인 문헌에 '튀긴 감자'라는 표현이 이미 있는 것으로 보아 퐁네프 기원설은 설득력이 없다는 지적이 제기됐다. 양국의 첨예한 논쟁을 살펴보면 서로 심증은 있지만 판을 뒤집을 만한 결정적인 물증이 없다고 할까. 프렌치프라이라는 용어가 직접적으로 사용되진 않았지만 1802년 미국 백악관 저녁 메뉴에 '프랑스식으로 제공되는 감자Potatoes served in the French manner'라는 언급이 있다. 이를 근거로 프렌치프라이는 재료를 얇게 썬다는 의미의 프랑스 조리 용어 쥘리엔Julienne에서 비롯된 것이 아니냐고 주장하기도 한다. 프랑스 방식으로 썰어 튀긴 감자 요리라서 프렌치프라이라는 것이다.

기름에 재료를 담가 튀기는 방식의 시초는 무려 기원전 5000년의 이집트까지 거슬러 올라간다. 올리브유를 사랑했던 이집트인과 그리스인들에 의해 식물성 기름을 이용한 튀김 요리가 유럽으로 전해졌고, 이는 로마의 요리법에 영향을 미쳤다. 튀김 요리를 가장 잘 활용한 것은 아랍인들이었다. 튀김 요리에 필요한 기름을 기후 덕분에 비교적 쉽게 확보할 수 있었다. 스페인과 포르투갈에서 딥 프라잉 방식을 이용한 요리를 심심찮게 찾아볼 수 있는 것은 이베리아반도가 오랫동안 아랍의 영향력하에 있었던 것과 무관하지 않다. 튀김의 대명사가 된 일본의 덴푸라도 17세기 일본에 상륙한 포르투갈 선원과 선교사들이 먹던 튀긴 생선 요리에서 유래했다는 설이 있고 신대륙에서 얻은 감자를 유럽에 처음 소개한 것이 포르투갈과 스페인이라는 점을 감안해보면, 감자튀김의 발상지는 이베리아반도가 아닐까 하고 추론해볼 수 있다. 물론 어디까지나 추측이다.

그렇다면 자칭 원조 벨기에의 감자튀김은 뭐가 다를까. 면면을 살펴보자. 눈에 띄는 점은 두께가 1센티미터 정도로 패스트푸드점에서 파는 감자튀김에 비해 제법 두툼하다는 것이다. 감자튀김의 유일한 짝은 케첩일 것 같지만 벨기에에서는 케첩보다 마요네즈다. 케첩의 강렬하고 자극적인 맛과 달리 은은하고 고소한 마요네즈의 맛이 감자튀김과 의외로 잘 어울린다. 이외에도 독일의 카레 맛 소시지 커리부르스트를 연상시키는 커리마요네즈 소스를 비롯해 타르타르, 홀랜다이즈, 피넛 등 다양한 소스를 곁들이는 것이 벨기에식 감자튀김의 특징 중 하나다. 다른 유럽 국가에서 감자튀김이 사이드 메뉴로 나온다면 벨기에에서는 엄연히 단품 요리로 대접받는다. 홉 함량이 높은 벨기에의 페일 에일 계열의 맥주와도 궁합이 잘 맞는다. 과연 맛은? 여러분이 상상하는 그 맛과 크게 다르지 않다고 하면 좀 위안이 될까. 일부러 벨기에 감자튀김을 먹기 위해 비행기 티켓을 끊을 필요까지는 없어 보인다. 오히려 너무 평범한 맛이라서 더 놀랍다고 할까. 감자튀김을 둘러싼 국제적인 원조 논쟁이 좀 멋쩍게 느껴진다.

에필로그

지금 생각해보면 무언가에 홀린 게 틀림없다. 미치지 않고서야 이런 무모한 도전을 했을 리 없지 않은가. 누군가가 그랬다. 살면서 단 한 번이라도 어떤 일에 온 힘을 다해 미친 적이 있다면 그 삶은 성공한 인생이라고. 그의 말이 사실이기를.

학창 시절에는 사진에 미쳤었다. 로버트 카파와 같은 사진기자가 되고 싶었지만 엉겁결에 글 쓰는 기자가 됐다. 몸에 맞지 않는다고 느꼈던 기자생활 동안 미쳐 있었던 건 요리였다. 멀쩡한 직장을 그만두고 요리를 배우기 위해 이탈리아 유학을 결심한 내게 주변에서는 용기가 대단하다고 했다. 사실 그건 용기와는 아무 관련이 없었다. 내 삶의 방향키를 내가 잡기 위한 어쩔 수 없는 선택이었다. 오히려 아닌 줄 알면서 버티는 것이 더 용기가 필요한 일이지 않을까. 앞으로의 삶이 어떻게 펼쳐질지 막연한 기대를 품긴 했지만 그래도 방향성은 있다고 믿었다.

레스토랑을 나와 요리와 음식이라는 프레임으로 세상을 바라보니 거의 모든 것이 하나의 기사 주제이자 흥미로운 이야깃거리였다. 글쓰기와 사진이라는 작은 재주 하나만 믿고 그렇게 카메라와 부엌칼을 든 남자의 유럽 음식 방랑이 시작됐다. 유럽 많은 나라와 도시를 오가며 요리라는 씨실과 음식이라는 날실로 짠 이야기가 바로 이 책이다.

유럽의 맛 위를 걸으면서 음식의 맛이란 무엇일까 곰곰이 생각해봤다. 그동안의 경험을 바탕으로 내린 결론은 음식의 맛과 그 가치는 음식 자체에 있는 것이 아니라 그것을 만들고 먹는 사람들에게 있다는 것이다. 요리사가 최고이자 궁극의 맛을 위해 노력하는 것도 물론 의미가 있다. 그러나 음식을 만드는 최종 목표는 결국 먹는 사람의 만족과 행복을 향해 있어야 마땅하다. 먹는 사람은 놀라 자빠질 정도로 맛있는 음식만 탐하는 것을 경계해야 더 만족스러운 삶을 살 수 있다. 어떤 음식이든 열린 마음으로, 그리고 감사하는 마음으로 대한다면 말이다.

부족하지만 이 책이 세상에 나오게 하는 데 도움을 주시고 카메라와 부엌칼을 든 남자의 유럽 음식 방랑에 응원과 성원을 아끼지 않으신 많은 분께 이 자리를 빌려 다시 한번 깊은 감사의 말씀을 전한다. 그리고 한 가지만 더 알아주셨으면 한다. 이 책은 여정의 마무리가 아니라 시작임을.

카메라와 부엌칼을 든 남자의 유럽 음식 방랑기
유럽, 맛 위를 걷다
ⓒ 장준우

1판 1쇄	2017년 9월 6일
1판 2쇄	2018년 12월 10일

지은이	장준우
펴낸이	강성민
편집장	이은혜
편집	박은아 김지수
마케팅	정민호 이숙재 정현민 김도윤 안남영
홍보	김희숙 김상만 이천희
독자모니터링	황치영

펴낸곳   (주)글항아리 | **출판등록** 2009년 1월 19일 제406-2009-000002호

주소	10881 경기도 파주시 회동길 210
전자우편	bookpot@hanmail.net
전화번호	031-955-2670(편집부) 031-955-8891(마케팅)
팩스	031-955-2557
리뷰아카이브	www.bookpot.net

ISBN   978-89-6735-446-6 03980

이 도서의 국립중앙도서관 출판예정도서목록(CIP)은 서지정보유통지원시스템 홈페이지
(http://seoji.nl.go.kr)와 국가자료공동목록시스템(http://www.nl.go.kr/kolisnet)에서
이용하실 수 있습니다. (CIP제어번호: CIP2017021198)